金 刚——著

# 百年熟茶

台海出版社

**图书在版编目（CIP）数据**

百年熟茶 / 金刚著 . -- 北京：台海出版社，
2023.1

ISBN 978-7-5168-3497-8

Ⅰ.①百… Ⅱ.①金… Ⅲ.①普洱茶－茶文化 Ⅳ.
① TS971.21

中国国家版本馆 CIP 数据核字 (2023) 第 024621 号

## 百年熟茶

| | | | |
|---|---|---|---|
| 著　　者: | 金　刚 | | |
| 出 版 人: | 蔡　旭 | 封面设计: | 明翊书业 |
| 责任编辑: | 姚红梅 | 策划编辑: | 李梦黎 |

出版发行: 台海出版社
地　　址: 北京市东城区景山东街 20 号　　　　邮政编码: 100009
电　　话: 010 — 64041652（发行，邮购）
传　　真: 010 — 84045799（总编室）
网　　址: www.taimeng.org.cn/thchs/default.htm
E - mail: thcbs@126.com

经　　销: 全国各地新华书店
印　　刷: 三河市国新印装有限公司
本书如有破损、缺页、装订错误，请与本社联系调换

| | | | |
|---|---|---|---|
| 开　　本: | 880 毫米 ×1230 毫米 | 1/32 | |
| 字　　数: | 109 千字 | 印　　张: | 6 |
| 版　　次: | 2023 年 1 月第 1 版 | 印　　次: | 2023 年 3 月第 1 次印刷 |
| 书　　号: | ISBN 978-7-5168-3497-8 | | |

定　　价: 68.00 元

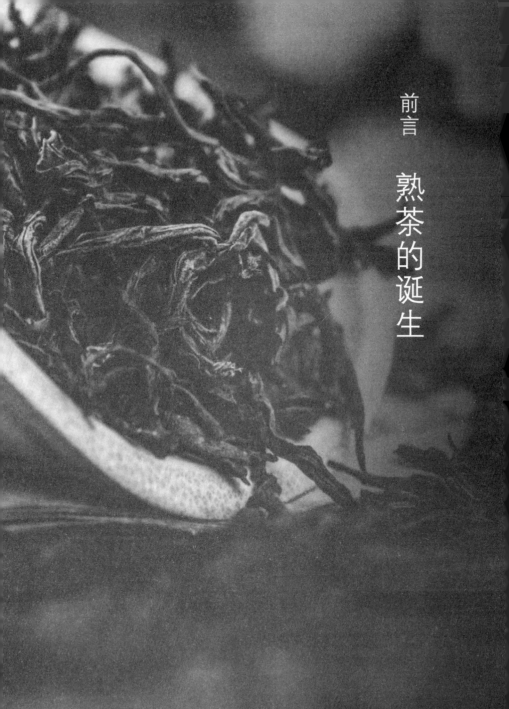

前言

# 熟茶的诞生

普洱茶经过生在云南，喝在香港，扬名海外的历程后，再回到云南，已然成为茶界明星。

普洱茶，特别是熟茶，关于它的今昔，有很多说法，这对于普洱茶的发展，是个好事情。大家都来谈论普洱茶熟茶，是对熟茶的喜爱，一方面也利于熟茶认知度的提高。

然而，普洱茶的熟茶，不是凭空出现的，红汤普洱茶是普洱茶熟茶的前身。

普洱茶熟茶的诞生有一个过程：从明清时期的红汤生普，到香港人湿仓存放导致的发酵，再到香港商人发明的人为发水做旧的普洱茶，再到20世纪50年代广东人因外贸出口和香港人的饮茶需求而学习并研制开发的人工渥堆发酵技术，该技术引进云南后，当地根据环境和气候，结合本地发酵技术，再研发而成为具有地理标志的茶叶品种，整个过程经历了上百年。

普洱茶熟茶这个词语，以前是没有的，已经停止使用的2003年的DB53/T103-2003云南省地方标准里，是没有生茶和熟茶的概念的，之前只有普洱茶这一个单独名词。普洱茶的生茶，当时是列入绿茶类别里的，是为滇绿茶。

普洱茶熟茶直到2006年才开始在云南省地方标准里正式出现。

2006 年 7 月 1 日发布，2006 年 10 月 1 日执行的 DB53/103-2006 普洱茶云南省地方标准里，对普洱茶的定义作了一些强制性规定，就普洱茶的定义有了具体的说明：

1. 普洱茶是云南特有的地理标志产品；

2. 普洱茶分为普洱茶熟茶、普洱茶生茶；

3. 对普洱茶熟茶和生茶的感官审评做了明确的规定；

4. 对普洱茶熟茶和生茶的类型和等级划分也进行了规定；

5. 对于普洱茶的生产加工、运输、仓储也做出了一些调整和新的规定，具体到了普洱茶的生茶以及熟茶。

所以，直到 2006 年，普洱茶才正式分为生茶和熟茶，普洱茶熟茶这个名词，就正式出现了。

2006 年的标准还给普洱茶进行了清晰的定义，必须要达到下列四个标准：

1. 用大叶种，用晒青工艺杀青的毛茶做原料；

2. 在云南地区生产加工；

3. 紧压工艺，制成饼、沱等形状；

4. 茶叶具有后发酵性。

普洱茶发展到这个时期，就形成了它的独特性。这种独特性，就不是人们所理解的简单的加工工艺了，还赋予了普洱茶地区属性和地理标识，规定中国其他地区不再生产普洱茶，并且，对于茶叶的后发酵，也有了硬性的规定。

自此，普洱茶回归云南。这里为何说回归云南，后面的章节会详细讲述。

坊间流传，要将普洱茶独立出来，作为中国的第七大茶类。这种可能性几乎是没有的，因为茶叶类别是按照加工工艺来区分的，具有地理标识。

认真看看文件里的一些说明就非常清楚了，为了方便大家了解，我整理总结了下列几点：

1. 普洱茶是云南特有的地理标志产品，以符合普洱茶产地环境条件的云南大叶种，晒青工艺的毛茶为原料，按特定的加工工艺生产出来的具有独特品质特征的茶叶。

2. 普洱茶分为普洱茶生茶和普洱茶熟茶两大类型。

3. 关于普洱茶生茶，做了以下明确规定和说明。

普洱茶生茶，是以符合普洱茶产地环境条件下生长的云南大叶种茶树鲜叶为原料，经过杀青、揉捻、日光干燥，最后蒸压成型等工艺制成的紧压茶。

其品质特征为：外形色泽墨绿，香气清纯持久，滋味浓厚回甘，汤色绿黄清亮，叶底肥厚黄绿。

这里特别说明的就是，生茶的口感，用的词语是浓厚回甘，这就和熟茶区别开来了，也就是口感具有刺激性，并且还浓烈，茶汤饱满还丰厚，从而导致回甘绵长持久，这些形容词将普洱茶生茶的感觉说得非常清楚。

4. 关于普洱茶熟茶，也做了下列规定和说明：

是以符合普洱茶产地环境条件的云南大叶种晒青茶为原料，采用特定工艺，经后发酵（快速后发酵或缓慢后发酵）加工形成的散茶和紧压茶。

其品质特征为：外形色泽红褐，内质汤色红浓明亮，香气独特陈香，滋味醇厚回甘，叶底红褐。

这里就非常明确地规定了生茶和熟茶的区别，从生产工艺、外形、颜色等多个方面进行了区分。尤其是口感上，熟茶是醇厚，而不是生茶的浓厚，这是熟茶因为发酵而生成的醇和，茶叶浸出物还能因为发酵而形成胶原感。

5. 关于普洱茶的类型与等级划分，也做了具体的规定和说明：

1）普洱茶按加工工艺及品质特征分为普洱茶生茶和普洱茶熟茶两种类型。

按照外观形态分普洱茶散茶和普洱茶紧压茶。

从上面这个分类说明可以看到，普洱茶是存在散茶的，不是只有紧压这一种形式。

2）普洱茶散茶按品质特征分为：特级、一级至十级，共十一个等级。

其中，熟茶的等级按照：

特级、1、3、5、7、9来划分。

生茶的等级按照：

特级、2、4、6、8、10来划分。

3）普洱紧压茶不分等级，外形有圆饼形、碗臼形、方形、柱形等多种形状和规格。

普洱茶生茶和熟茶的分类为何用单双两组数字来区分？我来简单说明一下。

熟茶有发酵的加工过程，是暖胃的，在中国人的观念里是属于阳性的，而数字的单数也是代表阳的。

而生茶是没有经过发酵的，相对于熟茶，有些偏寒性，属于阴性的，而数字的双数，是代表阴性的。

所以，这里就可以看出中国人的智慧了，将普洱茶的两个品种，用具有阴阳观念的数字来进行等级区分。

6.关于普洱茶散茶，感官品质审评方法也做了下列明确规定：

1）外形四因子：条索、整碎、色泽、净度。

2）内质四因子：香气、滋味、汤色、叶底。

按照上述审评八因子标准，再按照普洱茶生茶和熟茶的等级划分标准，以及生茶和熟茶的标准，就形成了普洱茶生茶和熟茶的审评标准了。虽然这个标准里，有很多是绿茶的审评要求，但是，它是具有科学性的。

7. 关于普洱茶紧压茶的规定和标准也做了具体的要求：

普洱茶紧压茶，其外形整齐、端正、匀称，各部分厚薄均匀、松紧适度，不起层，不掉面。包心的茶，则包心不外露。


普洱茶在 2008 年出了最新的执行标准——《GB/T 22111—2008 地理标志产品普洱茶》国家标准。该标准从包装到运输以及感官审评，都做出了全系列非常具体的规定，分别是：

《GB/T 191 包装储运图示标志》

《CB 2762 食品中污染物限量》

《GB 2763 食品中农药最大残留限量》

《GB/T 4789.3 食品卫生微生物学检验》

《GB/T 4789.21 食品卫生微生物学检验》

《GB/T 6009.12 食品中铅的测定大肠菌群测定冷冻饮品》

《GB/T 5009.19 食品中六六六，滴滴涕残留量的测定》

《GB/T 5009.20 食品中有机磷农药残留量的测定》

《GB/T 5009.94 植物性食品中稀土的测定》

《GB/T 5009.103 植物性食品中甲胺磷和乙酰甲胺磷农药残留量的测定》

《GB/T 5009.106 植物性食品中二氯苯醚菊酯残留量的测定》

《GB/T 5009.110 植物性食品中氯氰菊酯、氰戊菊脂和澳氰菊酯残留量的测定》

《GB/T 5009.146 植物性食品中有机氯和拟除虫菊酯类农药多种残留的测定》

《GB/T 6388 运输包装收发货标志》

《CB 7718 预包装食品标签通则》

《GB/T 8302 茶 取样》

《GB/T 8303 茶 磨碎试样的制备及干物质含量测定》

《GB/T 8304 茶 水分测定》

《GB/T 8305 茶 水浸出物测定》

《GB/T 8306 茶 总灰分测定》

《GB/T 8310 茶 粗纤维测定》

《GB/T 8311 茶 粉末和碎茶含量》

《GB/T 8313 茶 茶多酚测定》

《GB/T 9833. 6 紧压茶 紧茶》

《CB 11680 食品包装用原纸卫生标准》

《NY 5244 无公害食品 茶叶》

《SB/T 10035 茶叶销售包装通用技术条件》

《SB/T 10036 紧压茶运输包装》

《SB/T 10157 茶叶感官审计方法国家质量监督检验检疫总局令（2005）第 75 号 定量包装商品计量监督管理办法》

普洱茶产品是根据云南的自然生态环境和历史人文因素，并以地域名称冠名的特有农产品。它不仅能够提高云南的经济附加值，同时能够增强民族文化凝聚力，促进云南在国际贸易中的发展。

1974 年外贸体制改革以后，出口经营权下放到各省。云南省获得茶叶出口经营权，开始大量生产加工普洱茶熟茶，使得普洱茶重回云南，自此开启了熟茶的新篇章。

# 目 录

第一章

普洱茶熟茶的传说

关于普洱茶熟茶的来历，众说纷纭，有清代乾隆"湿水茶"传说、香港"泼水茶"说和"广州普洱茶"说等。

# 一　2004 年流传的"乾隆说"

　　2004 年左右，有传说普洱熟茶是乾隆年间做的贡茶。当时由于在云南地区保管不当，雨水将贡茶淋湿了，后期又没有茶叶做贡茶进贡了，于是，当地官员便贿赂总管太监，将淋湿的茶叶收入乾隆的贡茶库。后来乾隆喝了这个雨水淋湿的普洱茶，竟然说非常好喝，和以前进贡的普洱茶很不一样，总管太监便告知乾隆这是专门生产的新工艺普洱茶。于是，工艺流传至今，经过发展，以及多次改良，形成了今天的普洱茶熟茶。

这里就有几个问题要提出来了。首先，贡茶可是有官军武装押运的，如果路上有茶叶因雨水淋湿，那可是要出大问题的。运输过程中保管失误，运送的人员以及他们的家人，命都难保了，更不用说拿淋湿的茶叶去冒险。

　　再有，运送时间也是有规定的，运输过程中不可以任意停留，各地官员提前都安排好了接待，整个过程，哪天到哪里，都非常清楚。不会像传说里一样有很多余地转圜。

　　最后，贡茶进京后，是库房存放管理和验收记账管理分开的模式，也就是说，官员权力是分化的，相互制约和监督，不太可能有造假的空间。这样一来，"乾隆说"也就失去了支撑。

## 二 2006 年流行较广的"香港说"

据说香港人和一些海外华人，他们对于云南茶叶的刺激性口感不太能接受，他们喜欢口感比较平稳的红汤茶。于是，香港茶商就用水泼洒在云南茶叶上，让茶叶发酵，发酵后的口感平稳，这样就做成红汤茶，由此而诞生了普洱茶熟茶。

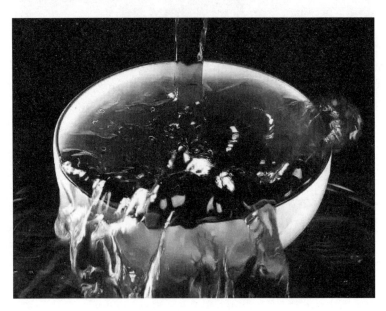

# 三 流传较广的"广州说"

据说在 20 世纪 50 年代，广东为满足香港地区的需求，根据香港发水茶的经验，研制了普洱茶发酵茶，即普洱茶熟茶。

但是，当时发酵的茶叶原料来源复杂，有国内的，也有国外的，发酵程度也是按照香港红汤茶的标准来控制的。

这个时期的广东发酵茶和云南的普洱茶熟茶，已经有很大的技术关联了，但只是工艺上有关联，做出来的茶并不是普洱茶熟茶。

上面的各种说法，虽然或多或少都有一些道理，但是有些是民间杜撰，缺乏佐证，有些说法，例如"广东说"，则不具有全面性和具体性，对于普洱茶熟茶的来历并不能解释清楚。

　　普洱茶熟茶的由来，不是一天或者一年时间形成的，也不是哪个人一时突发奇想就有了的，它是经历了漫长的历史，在长时间的茶叶生产加工以及运输、仓储过程中发现的，是在人们的品饮中，适应、改变而形成的。熟茶发展到现在，仍在不断调整，努力成为更加适应当今社会需求的茶品。

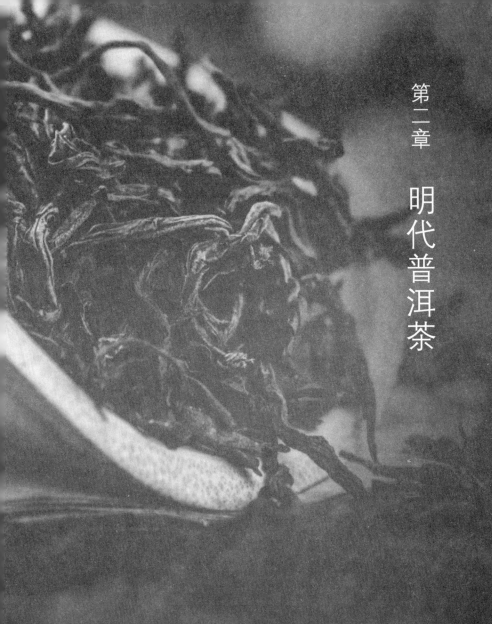

第二章　明代普洱茶

云南现在的普洱茶产区内，有成百上千年的栽培型和过渡型的古茶树，它们在明代就和炒青加工工艺结合。

# 一　明代正式用"普洱茶"命名云南茶叶

云南的普洱茶，早在《华阳国志》里就有记载。但是，将"普洱"用作云南茶叶名字并且首次官方正式确认，是在明朝。

明代是中国制茶技术发展成就最大的一个时期，对于茶叶而言，是非常重要的一个变革时期。

这个时期，由于茶叶杀青工艺的产生和全面使用，使得茶叶加工工艺，有了具有划时代意义的改变和技术革新。蒸青、烘青，这些能够使茶叶品种快速增加的加工工艺，都是在这个时期开始的。这才有了今天中国茶叶的百花齐放，有了今天的红茶、绿茶、青茶、黄茶、黑茶、白茶六大茶类。中国茶叶的加工技术革新，茶文化的发展和普及，还有茶叶品种的增加，都在明代开始了一个新篇章。

明太祖朱元璋，出身贫寒，知道民间疾苦，他善于总结历代王朝兴衰的经验教训，深知茶农疾苦。南京称帝后，他看到进贡的是精工细琢的龙凤团饼茶，深感劳民且耗费国力，于是在洪武二十四年（1391 年）九月十六日，朱元璋下诏废团茶作为贡茶，改用叶茶，也就是散茶作为贡茶。贡茶"唯采芽以进"，这样一来，实质上是把我国唐代炙烤煮饮饼茶法，改革为直接冲泡散条茶的"一沦而啜"法，开始了中国茗饮之新法。

朱元璋废止了过去的龙凤团饼茶作为贡茶，这对制茶加工工艺的发展和变革，起到了非常大的促进作用，也让中国茶叶有了改变的动机和理由。

至于普洱的来历呢，要追溯到明洪武十六年（1383 年），朱元璋将"普口"更名为"普耳",并且划归车里军民宣慰使司管辖。到了明代万历年间,"普耳"又正式改为"普洱"。

此后,云南的"普洱茶",作为云南茶叶用名保留至今。

虽然朝廷将贡茶废团改散,但是民间有些人的饮茶习惯却依然追求精致的团茶。又由于云南地处边疆,道路难行,运输不便,存储不易,所以云南依旧使用压制成团的方式进行普洱茶的生产。

普洱茶在这一时期,开始了新的发展和突破。不过,此时的民间也十分流行散茶饮用了,普及率也比较高。老百姓没有太多的时间去撬茶、研磨。但这和普洱茶的制作工艺并不相悖。

方以智在他的《物理小识》里就有"普雨茶蒸而成团,西蕃市之,最能化物。按普雨,即普洱也"的描述。这是"普洱茶"

一名最早见于文字的记录。这里不仅正式用"普洱茶"这个名字，而且还道出了其制作方式为"蒸之成团"，主要销售地点是"西番"，也就是现在的藏族地区。

李时珍在《本草纲目》中也有记载："普洱茶出云南普洱。"普洱茶有清热、消暑、解毒、消食、去腻、利水、通便、祛痰、祛风解表、止咳生津、益力气、延年益寿等功效。

明朝的谢肇淛在《滇略》中记述："士庶所用，皆普茶也，蒸而成团。"

从以上他们几人的记述中可看出，普洱茶的加工工艺已由银生茶的"散收，无采造法"，演变为"蒸而成团"，成为后来称为"团茶""饼茶"等的紧压茶了，并且由于有"最能化物"的独特功效，已形成"较他茶为独盛"的达官贵人和平民百姓都非常喜欢品饮的大众茶了。

明代朝廷还在云南设置官吏，专职管理普洱茶的贸易，纳入政府管理并收取税费，促进普洱茶贸易，使普洱茶逐渐走入发展的新时期。

明洪武十六年，傅友德、蓝玉收复云南后，班师回南京，朱元璋义子西平侯沐英就留镇云南了。洪武十九年（1386 年），西平侯沐英筑昆明砖城，建立了西平侯府。由于西平侯沐英的举荐，以及云南普洱茶的特色，开启了普洱茶在明代作为贡茶的时期，而且，普洱茶非常受朝廷官员喜爱，这也极大地促进了普洱茶的发展。

# 二 明代茶的变化和发展

从元朝开始，云南的政治经济中心就从大理转移到昆明，明朝一统天下后，西平侯沐英被明太祖朱元璋派到云南镇守，带着大量的明军进入云南就地屯田，同时，明代从江南湖广一带又大量移民到云南，形成了历史上又一次开发云南的热潮。

江南一带的移民带来了茶叶的先进生产方式，促进了普洱一带茶叶生产的兴旺，使得普洱逐渐成为新的茶叶交易集散中心。

明太祖废团茶诏令，在客观上是破除团饼茶的传统束缚，对促进芽茶和叶茶的蓬勃发展起到了有力的推动作用；也为明朝茶业在技术革新上以及各种茶类品种的全面发展上，起到了承上启下的作用。

明代的茶风相比唐宋，更加繁荣昌盛，其原因有以下几点：

明朝初年，首都南京所处的江南一带，向来就是盛产茗茶的地方。明代注重科举，使得文士的地位在四民之中居于首位，而文人雅士又都视茶和琴、棋、书、画为个人的必备喜好和技能。

这个时期，结束了宋代道家茶文化，兴起了文人茶文化，也就是文化和茶的结合，这是具有中华民族特色的茶道文化。

明代文人生活中，不仅出现了"琴棋书画酒诗茶"，而且茶还出现了社会功能，像以茶会友、以茶示礼、以茶代酒、以茶倡廉、以茶表德、以茶为模、以茶养性、以茶为媒、以茶祭祀、以茶作禅、以茶作诗、以茶作画、以茶歌舞、以茶献艺等。

明代所形成的茶道文化，虽然不像日本茶道一样拘泥于形式，但是却融入百姓生活的各个方面，如接人待物、婚丧嫁娶、礼尚往来等方面，影响中国茶道文化至今。

朱元璋出身于穷苦人家，因此在登基后，对茶税收得很轻，又由于茶叶利润非常丰厚，所以民间种植茶树的积极性就很高，茶商也非常乐于贩运茶叶。这就导致了茶叶的种植和生产数量快速增长，从而使得茶叶的贸易量和消耗数量加大。

明代延续宋代政策，以茶来怀柔四方，即"采山之利，易充厩之良"的"以茶易马"政策性贸易，茶马互市，这也是明代对茶重视的一个原因。

明代《农政全书》有这样的记载："种之则利薄，饮之则神清，上而王公贵人之所尚，下而小夫贱隶之所不可阙。诚民生日用之所资，国家课利之所助。"明代茶饮之繁盛，可见非同一般。

明代的茶肆经营较为普遍，民间品茶的活动，从户内发展到户外，并不时有"点茶""斗茶"之会举行，大家相互较量茶叶加工和品鉴技术，一较高下的风尚大为盛行。

　　明代，在制茶工艺上发明了"炒青法"。在炒青法发明之前，茶叶的制作采用的是蒸熟和"自然发酵"，而炒青法发明之后，逐渐形成了绿茶及红茶的制作技术。

　　明代的茶，已经从团茶逐步演变成散茶，因此对唐宋时期的茶法有所增补或删除，主要是从原来的煮茶演变成了泡茶，程序

因此被缩减。不过，当时在普遍采用泡茶方法的同时，煮茶法并未消失，仍有人沿袭使用，只不过在器具和煮茶过程上更加简约罢了。

中国的饮茶史在此开始有了新的变化，由点茶进入泡茶的时代了。

明代是我国茶叶产区进一步扩大的时期，基本上奠定了现代的茶区范围。基本形成了以南京为中心，以安徽、江苏、浙江、江西为主的产区，以福建、四川、湖北等为辅的产区。

明代出现了一大批名茶，有五十余种：

蒙顶石花、玉叶长春——产于剑南（现在的四川雅安地区蒙山）。

罗岕茶（又名岕茶）、顾渚紫笋——产于湖州（现在的浙江长兴）。

火井、思安、芽茶、家茶、孟冬、铁甲——产于邛州（现在的四川温江地区邛县）。

薄片——产于渠江（现在的四川从广安至达县）。

真香——产于巴东（现在的四川奉节东北）。

柏岩——产于福州（现在的福建闽侯一带）。

白芽、白露——产于洪州（现在的江西南昌）。

阳羡茶——产于常州（现在的江苏宜兴）。

举岩——产于婺州（现在的浙江金华）。

骑火——产于龙安（现在的四川龙安）。

都濡、高株——产于黔阳（现在的四川泸州）。

麦颗、鸟嘴——产于蜀州（现在的四川成都、雅安一带）。

云脚——产于袁州（现在的江西宜春）。

绿花、紫英——产于湖州（现在的浙江吴兴一带）。

阳坡、瑞草魁——产于宣城了山（现在的安徽宣城）。

小四岘春、皖西六安——产于六安州（现在的安徽六安）。

碧涧、明月、茱萸簝、芳蕊簝、小江团——产于峡州（现在的湖北宜昌）。

先春、龙焙、石崖白——产于建州（现在的福建建瓯）。

绿昌明——产于建南（现在的四川剑阁以南）。

虎丘、天池——产于江苏苏州。

西湖龙井——产于浙江杭州。

浙西天目——产于浙江临安。

武夷岩茶——产于福建崇安武夷山。

云南普洱——产于云南西双版纳，集散地在普洱县。

歙县黄山（又名黄山云雾）——产于安徽歙县、黄山。

新安松萝（又名徽州松萝、瑚源松萝）——产于安徽休宁北乡松萝山。

余姚瀑布茶、童家岙茶——产于浙江余姚。

石埭茶——产于安徽石台。

瑞龙茶——产于越州卧龙山（现在的浙江绍兴）。

日铸茶、小朵茶、雁路茶——产于越州（现在的浙江绍兴）。

石笕茶——产于浙江诸暨。

分水贡芽茶——产于浙江分水（现在的浙江桐庐）。

后山茶——产于浙江上虞。

剡溪茶——产于浙江嵊县。

雁荡龙湫茶——产于浙江乐清雁荡山。

方山茶——产于浙江龙游。

茶树栽培和茶园管理技术，在前人的基础上有很大的提高，尤其是制茶技术，发生了划时代的变革，茶类得到了空前发展。因为加工工艺的创新，有了绿茶、黑茶、白茶、黄茶、乌龙茶等，而加工技术还一直在进步提升。

特别是云南普洱茶作为一种新的茶类，压制成型的工艺已经形成了，而"银生城（今云南景东）"的茶叶生产交易中心，逐渐向南移至普洱，使得普洱新的茶叶生产交易中心的地位得以确定。

普洱茶成了云南特有的茶叶名品，成为明代名茶之一，达官贵人皆识，逐渐取代"无采造法"的银生茶。

普洱茶以普洱地区为中心，形成新的较为集中的集散地，普洱茶因此名声大震。

明初，郑和下西洋，将茶籽带到了台湾，从此，台湾岛上开始有了茶叶生产。

已故中国科学院学部委员王天沐先生认为，郑和下西洋时，两万多名船员在海上长时间航行都没有患上坏血病，也许因为郑和是云南人，从小有饮茶习惯，有可能是茶帮他解了这个难题。或许那时郑和就带着家乡产的普洱茶远渡重洋。如果那样的话，普洱茶早在明代就已游历了亚洲和非洲那些沿海国家，只不过没有文字记述罢了。

正如前文所说，就在饼茶被废的时候，压制茶这项带着浓厚唐宋韵味的制茶技艺，在远离中央政权的边地云南得到蓬勃发展，最终成就了全世界茶叶大家族中，无论是外形还是内质都最为丰富的普洱茶世界。从明朝开始，真正意义上的普洱茶时代来临。

关于紧压普洱茶的最明确记载，出自明万历年间谢肇淛的《滇略》。"滇苦无茗，非其地不产也，土人不得采取制造之方，即成而不知烹瀹之节，犹无茗也。昆明之太华，其雷声初动者，色香不下松萝，但揉不匀细耳。点苍感通寺之产过之，值亦不廉。

士庶所用，皆普茶也，蒸而成团，瀹作草气，差胜饮水耳。"这是最早最确切地记载紧压普洱茶的史料，可以看出在明朝建立200多年后，"普茶"也就是普洱茶被当时云南各阶层普遍接受，作为一种畅销商品在云南广为流通。

"蒸而成团"则指出当时普洱茶的加工工艺得到质的改变，已由唐朝时期的云南茶"散收，无采制法"，演变成将晒青毛茶蒸揉后制成团茶形式，但制茶技术还是有缺陷的，以至于被当时的中原人士认为"不得采取制造之方"，"差胜饮水耳"。

明朝时云南茶叶的加工技术之所以有较大提升，应当与明洪武年间大批移民迁入云南不无关系。至少，他们带来了先进的文化和生产技术，包括制作蒸青、炒青、晒青团茶和散茶的工艺。

制茶技术的提升以及紧压技术的引入，加上劳动人民的智慧，为随后普洱茶外形的发展提供了无尽的可能。从"无采造法"到"蒸而成团"，普洱茶在沉寂中默默守望了上千年时光后，开始了独有的旅程。

地理上的距离，一度是品质优异的云南大叶种茶向前发展的障碍，但当紧压制作技艺嫁接到普洱茶身上时，普洱茶不但为自己找到了一个最好的载体，也将紧压茶的技术推到了一个前所未

有的高度。

　　普洱茶自明代开始，既保留了饼型压制，又有了杀青工艺，以新的面貌流传至今。

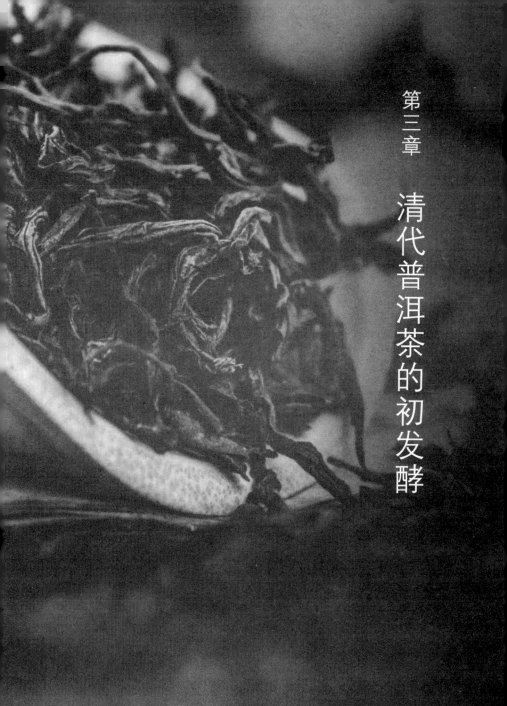

第三章

清代普洱茶的初发酵

# 一 普洱茶在清代

## 普洱茶在清代的广泛饮用

清朝乾隆年间学者赵学敏在《本草纲目拾遗》里说得很清楚："普洱茶成团，有大中小三种。大者一团五斤，如人头式。名人头茶，每年入贡，民间不易得也……有伪作者，名川茶，乃川省与滇南交界处人士所造，其饼不坚，色亦黄，不如普洱茶清香独绝也。"

上面短短百余字便明确说明了普洱茶的产地、食用价值和特点。

在清代，普洱茶除了上述的优点，成为清代贡茶也是它广为流传的原因。

满族是中国东北地区的游牧民族，其饮食结构中肉食所占比例较大，统一中原后，再无战事，便开始了养尊处优的生活，对于饮食，就是珍馐佳肴无所不及了。这样一来，因为减少了活动，食物消化就有些问题，茶就是一种非常解油腻的饮品了，助消化功能大的普洱茶于是被推广饮用。

普洱茶助消化的这种特性，深得王公贵族们的赏识。清代的权贵们，以饮普洱茶为时尚。进贡的普洱茶、女儿茶（普洱茶的茶芽）以及普洱茶膏，有用于泡饮的，也有用于熬奶茶的，特别是每年冬季北方气候干燥的时候，他们经常饮用普洱茶。

上有所好，下必效焉，于是，云南普洱茶在北京名声大噪，朝野上下皆闻。

经过皇家大量使用和地方官员的效仿，以及民间百姓的长期品饮，云南普洱茶成为我国后发酵茶中的极品，从清雍正初年一直延续到清末，历时近 200 年，一直是皇室钟爱的佳茗。

据宫中档案记载，雍正时期，普洱茶一年作为贡茶的数量已经达到 5000 余斤。

光绪时期，"皇上用普洱茶，每日用一两五钱，一个月共用二斤十三两，一年共用普洱茶三十三斤十二两"。光绪帝一年喝

33斤多的普洱茶，这个还不算"一年陆续漱口用普洱茶十一两"，可见光绪皇帝十分喜爱普洱。

从雍正七年（1729年）普洱茶被列为贡茶开始，至光绪三十年（1904年）中止，普洱茶每年都上贡，时间长达175年。

建立于1636年的清朝，行政管辖能力到达云南后，于雍正四年（1726年），派鄂尔泰担任云贵总督。他来到云南后，推行"改土归流"，具体就是废土司、设官府、置流官、驻军队。雍正十年（1732年），鄂尔泰在元江、镇沅、普洱、威远、车里、茶山等地，分汛防守。朝廷在元江、普洱等地广泛布置兵丁，分道守卫，管理普洱茶的生产和销售。

雍正七年，清廷设置"普洱府"治。雍正十三年（1735年）十月，朝廷又设"思茅厅"，辖车里、六顺、倚邦、易武、勐腊、勐遮、勐阿、勐笼、橄榄坝九土司及攸乐土目，共八勐地方。不仅澜沧江内六大茶山在思茅厅辖区内，江外六大茶山南糯、南峤、勐宋、景迈、布朗、巴达也在其中。

于是，普洱府的思茅厅成了普洱茶各大茶山茶叶购销的集散中心，集市贸易十分繁荣。

## 普洱茶的"鄂尔泰私宝"

清雍正年间，鄂尔泰任云贵总督时，在滇设茶叶局，统管云南茶叶交易。

当时，鄂尔泰勒令云南各茶山茶园的顶级普洱茶由官府统一收购，而后挑选一流制茶师，手工精制，并亲自督办，生产加工普洱茶的贡茶，并且在贡茶上印"鄂尔泰私宝"。"鄂尔泰私宝"于1732年正式列入《贡茶案册》。鄂尔泰由于功勋卓著，又才华横溢，深受雍正、乾隆两朝皇帝倚重。

在此之后，云南进贡朝廷的普洱茶均印"鄂尔泰私宝"，用来记录和传扬鄂尔泰的功绩。

清代，普洱茶贡茶都是作为清朝与诸国邦交的国礼，而鄂尔泰贡茶则深受清权贵和欧美皇室贵族的喜爱，"鄂尔泰私宝"曾经一度风靡海外，有"美容茶""修身茶""东方神液"等美誉。"鄂尔泰私宝"，辉煌时间很长，一直延续到清末民初。

### 普洱茶的皇家茶园

清代就有"普洱茶名遍天下，味最醇，京师尤重之"的说法，更有"夏喝龙井，冬饮普洱"的宫廷美谈，可以看出，普洱茶在清代的重要地位。

由于清朝权贵们对普洱茶的喜爱，八旗子弟也就纷纷前来云南采办各自专用的普洱茶，这也引起了民间效仿，从而大大提高了普洱茶的生产加工量。当时，普洱茶的年交易量达到 8 万担之多，按照现在的重量计算，一担是 100 斤，那就是 800 万斤。

雍正七年，八旗中的正黄旗子弟们来到云南后，看到离普洱府思茅厅最近的困鹿山茶园很是满意，便将困鹿山茶园作为皇家御用茶园。

困鹿山是无量山的一支余脉，隶属于云南省现在的普洱市宁洱哈尼彝族自治县宽宏村困卢山自然村。位置在普洱县城北面 31

公里处，海拔在 1410—2271 米之间，从中心地段向南北两边延伸有十几里，东西宽度也有数里。山中峰峦叠翠，古木参天。

困鹿山古茶树群落，地跨凤阳和把边两个乡，总面积为 10122 亩，其中，宁洱镇宽宏村的困卢山境内有 1939 亩，茶树属半栽培型树种，伴有阔叶林混和而形成的原始森林。

前文我们提到过，困鹿山被指定为皇家御用茶园。这里要特别说明一下，皇家御用茶园和地方对朝廷的贡茶茶园，不是一个类别，在清代礼制的等级完全是不一样的。

皇家御用茶园，在清朝只能是正黄旗专用，其他七个旗都不能使用。茶园的茶树种植、茶叶的生产、加工各环节，都是由清朝的军队管控，地方官府不得参与。并且，所加工的茶叶，除了正黄旗饮用以外，还作为对各王爷和官员的奖励和赏赐使用。

而贡茶，属于礼制，具有土贡性质，是指地方对朝廷的供奉，各地方官员将辖区内的好茶叶作为特产，指定专人加工，制成具有地方标识和特点的产品后，经过地方官员认定，用于对朝廷供奉。

　　老辈人流传，清朝年间，每当困鹿山茶园春茶采摘时节，就有官兵进到宽宏村，开始管理、监制茶叶生产加工。制好的人头茶、七子饼茶、沱茶等，由官兵直接运到北京，交由正黄旗验收入库，作为皇家专用茶。

## 二　清代普洱茶之专卖和税收

清代在顺治和康熙两代帝王的努力下，统一了中原地区以及边疆，政权建立以后，清朝的皇权统治进入稳定阶段。恢复经济发展，改善民生，就成为清廷的主要工作之一。

通过吏治整顿和财政制度改革后，清朝的经济得到恢复和发展，云南地区的茶业也正式进入发展的高峰时期。随着云南茶叶贸易量的快速增大，雍正皇帝决定在普洱设置府衙，对茶叶的销售进行统一管理，便于朝廷收取税银，增加税收。

**清代普洱茶专卖**

清朝对于云南茶叶的管理方式，是将云南茶业分为三类，分别是官茶、商茶和贡茶。

这三类茶在《中国少数民族史大辞典》里有明确说明：

1）官茶，就是由官府生产经销的茶。

2）商茶，是由朝廷发给"茶引"，茶商拿着"茶引"到茶叶产地去自行购买的茶叶。"茶引"相当于购销凭证。

3）贡茶，地方对朝廷的供奉用茶，专供皇宫饮用。

"贡茶"有其特殊性和非贸易性，所以不能带动当地经济发展。官茶和商茶的兴起，则对经济起到了极大的促进作用。

顺治年间，清廷在现在云南省的丽江市永胜县重启了茶叶和藏马的交易。普洱茶沿着古老的茶马古道，运输销售到边疆地区，不仅加强了民族之间的联系，增进了各民族之间的感情，还增强了边疆地区人民对清朝的向心力，对巩固祖国的统一，起到了很大作用。

雍正年间，平定西南地区以后，朝廷为提高边疆人民的收入，加大对外贸易，将中国西南地区的茶马古道推到鼎盛状态。

云南的普洱茶借着"茶马古道"的再次兴盛，也开始了高速发展时期。

清代茶叶实行专卖的政策，设置"茶引"，买卖行为纳入官府管理，不许私自买卖，并对私茶开展查收和打击活动。

### 清代普洱茶税收

1）"茶引"，是商茶买卖过程中至为重要的一个环节，也是清代朝廷对于商茶的税收来源。

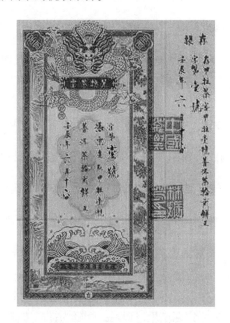

"茶引"制度始于宋代，历经元代和明代，逐步完善和发展。

清王朝建立以后，治理国家的政策以及经济管理制度，基本上都沿用了前朝明代的制度，所以，清廷在对茶叶的管理上仍采用了"茶引"制度。

"茶引"由户部颁发，再分送给各产茶省份发放销售，至于不产茶叶的省份，是没有"茶引"收入的，只收取茶商在经过本地时的落地税银，也就是说，清代府衙对于茶叶销售，要收取落地的销售税。

茶商，则有总商和散商的区别，"茶引"的实行办法与盐法很相似。

总商名下再分为各散商，总商要负责督办征缴茶叶课税，同时根据"茶引"的总量来购买茶叶，而散商只购买"茶引"，通过"茶引"数量来缴纳税收，再买卖茶叶。

"茶引"运营管理办法和现在产品总经销以及分销的营销模式极为相同，总经销负责一次性购买"茶引"并依此购买茶叶，而后将"茶引"和茶叶分别卖给分销客户，直至终端消费者。

朝廷不卖茶，只凭"茶引"即可根据数量取得税银。云南地区每年"茶引"发放的茶叶交易额是 30 万斤，这个数字只是云南地区的，不包括其他省份以及京城的八旗、府衙等，贡茶更是不在其列。"茶引"跟税收息息相关，对于伪造"茶引"或者未办理"茶引"而私自对外交易的茶叶商贩，政府会给予严厉处罚。

2）普洱茶的税收，清朝通过控制普洱茶的购销权，加大税收。雍正七年，朝廷在云南景洪的攸乐山增设"攸乐同知"驻右营，统领官兵 500 人，负责征收茶税等事务。另在勐海、勐遮、易武等地设立"钱粮茶务军功司"，专门负责管理当地赋税和普洱茶政务方面的问题。

鄂尔泰还曾在如今的普洱市思茅区，设立官办的茶叶总店，而掌管茶叶总店的是通判级别的政府官员，官居四品，是知府的专业辅助官员。

当年，鄂尔泰在普洱府的宁洱镇建立了贡茶茶厂，精选当年最好的春茶芽头，精制成团饼茶，或者条砖茶，还有些做成茶膏，仅作为贡茶，供奉给朝廷。

作为贡茶的茶叶，这部分是没有税收的。茶马交易中所交易的茶叶也是不收税的。

贡茶和官茶，这两项茶叶的税收是没有的，也就是说，收取税收的，只有商茶了。而且，商茶的税收是非常高的。

据记载，雍正朝时期的云南普洱茶价格为500文一斤，按照清朝银两和人民币1:200的换算比例来看，一筒普洱茶的出售价格大约在人民币300元左右，而税收比例却高达21%。由此可见，雍正时期对于茶叶的收税之高，也间接说明了普洱茶在当时贸易上的兴盛。雍正时期，边疆地区稳定，商贸环境良好，极大地促进了滇藏茶业贸易，大量的汉族或者藏族商人，源源不断加入云南与西藏间的茶叶交易。

雍正十三年，朝廷颁布了《云南茶法》。《茶法》是具有强制性的，目的是便于统一计量，从而便于征税，也便于交易。《茶法》中规定买卖云南普洱茶，需持有"茶引"。

朝廷批准云南每年发"茶引"三千，每引购茶一百斤。《茶法》中还特别规定交易之茶需为圆饼状，以绵纸包裹茶饼，每个圆饼重七两，七个圆饼为一筒，再以肥大笋壳包装，遂称"七子饼茶"，每筒重量是49两，每筒征税银1分，每张"茶引"可买三十二筒（合旧制约一百斤），上税银三钱二分，永为定制。

《茶法》还规定云南商人贩卖普洱茶，只要茶筒的数量达不到一引的，由官府出具证明，以零茶引收取税费。

## 三　清代普洱茶之贡茶

　　清朝贡茶沿用明朝制度，自被确定为贡茶的 1729 年到 1904 年贡茶废止，约 175 年间，普洱茶一直是清廷贡茶。清政府每年支付白银 1000 两，作采购普洱茶贡茶专用。雍正年间，云南普洱茶正式写入朝廷贡茶案册，并被指定为皇家的冬天专用茶，规定每年必须上缴普洱茶贡茶 66000 斤。

《普洱府志》中记载："按思茅厅每岁承办贡茶例于藩库铜息项下支银一发采办，并置收茶锡瓶缎匣木箱等费，每年备贡者五斤重团茶，三斤重团茶，一斤重团茶，四两重团茶，一两五钱重团茶，又瓶盛芽茶、蕊茶，匣盛茶膏。"

书中把云南普洱茶确定为"岁贡"，不仅确定了政府采购贡茶的资金及其来源，同时还确定了品种及包装。每年都要按时贡，并且保证品质与产量。

除岁贡之外，另有年例贡（或称年节贡），它是在贡单上"进贡"的名目下，与其他一些土特产一起进呈皇宫的。

普洱茶进贡的类型，主要分为三类：紧压茶、散茶、茶膏。

紧压茶便是我们今天看到的各种普洱茶形式，饼茶、团茶、砖茶等。

散茶一般认为是芽头茶，以前对茶的各方面要求更高，连芽头都要细分。

茶膏则是用茶叶熬成的汁液做成膏。

普洱茶的贡茶类型再具体细分的话，可以分成八种类型，传说叫"八色"。

五斤重团茶，三斤重团茶，一斤重团茶，四两重团茶，一两五钱重团茶，瓶盛芽茶、蕊茶，匣盛茶膏，据说这八种形式叫八色。

其中，最有特色的是团茶，目前知道的有，万寿龙团、金瓜、女儿茶、方茶（柱体结构的砖茶）、人头贡。而饼茶，比如龙凤团饼，则继承了宋代北苑贡茶的遗风。

清代张泓《滇南新语》载："滇茶有数种。盛行者曰木邦、曰普洱。木邦叶粗味涩，亦作团，冒普茗名，以愚外贩。因其地相近也。而味自劣。普茶珍品，则有毛尖、芽茶、女儿茶之号。毛尖即雨前所采者，不作团，味淡香如荷，新色嫩绿可爱。芽茶较毛尖稍壮，采治成团，以二两四两为率。滇人重之。女儿茶亦芽之类，取于谷雨后，以一斤至十斤为一团。皆夷女采治，货银以积为奁资，故名。制抚例用三者充岁贡。其余粗普叶，皆散卖滇中。最粗者熬膏成饼，摹印，备馈遗。而岁贡中亦有女儿茶膏，并进蕊珠茶。"

也就是说，真正的普洱茶贡茶，要分为嫩度极高的毛尖散茶、用嫩芽制的二两、四两重的团形芽茶以及和芽茶嫩度相同的在谷雨后采摘制做的一斤至十斤一团的女儿茶。

这三种普洱茶制品，加上用产于禄丰山的刚刚萌发的芽尖尖制成的珠形幼嫩的"蕊珠茶"，都是地方官府用来进献朝庭的贡茶。

贡茶，从鲜叶到包装，都按照礼制规定操办。

官府采办贡茶，从用料到加工，都非常严格。

贡茶采制讲究五选，分别是选日子、选时辰、选茶山、选茶树、选茶枝，并且，无芽不用，茶叶必须是芽头的。

备办的贡茶，从选料上来讲，必须全部采用上等毫尖，其次要花色匀整，色泽一致，每年数量都在万斤左右，必须由指定官员领取官银专办。

选择茶叶时，不用的标准是：叶大、叶小、芽瘦、芽曲、色淡、食虫、色紫者。而且，贡茶制作前要先举行祭茶祖仪式。

在茶叶鲜叶采摘后，第一道工序便是杀青。杀青前，制茶师傅必须沐浴斋戒，完毕后，才能"请锅"。

杀青过程中，制茶师傅用双手在热锅内用提、翻、抖等加工手法，对茶叶杀青（也就是失水的过程）。整个过程，身边备有专人为其擦汗，因为加工贡茶，是不许有任何和茶无关的物质干扰的，哪怕是滴半点汗水进去，都不可以。

茶叶毛料制作完成后，要遵循颜色、形状等要求再次挑选。

挑选好的毛料，由官府专门挑选的制茶师傅，根据形状要求，制作完成。

贡茶根据形状要求制成后，还要再次精选，最后将选好的团茶、饼茶用黄色包袱包好。散茶则放入瓶中，入锦缎木盒，也用黄布包好。

到此，贡茶的生产加工和精选过程结束，要开始确认和运输了。

贡茶确认，由官员及千总带领兵丁，把贡茶顶在头上，跪在县衙大堂。县官叩迎贡茶后请出大印，在包贡茶的黄包袱上盖印，并且注明产地，从而承担这批贡茶质量的责任。

县衙、府台、道台都要"用印"，道台最后用印确认。确认后，发一枚兵部制造的"火牌"，千总领到"火牌"后，命士兵将贡茶装入木箱，捆在马驮上，开始押运。第一站运至昆明，到昆明后，交由巡抚衙门检查、验收。巡抚衙门再由督抚派专人监督陪同，恭送进京。

贡茶运送进宫后，由内务府接收，将其收入库房存放，进行实物管理，建立库存账目，记录进入和出去的数量。而贡茶的数字管理，是由户部承办的，也就是说，当时贡茶的管理，就是用实物和数字分开的，还是非常科学的。所以说，本书开头的"乾隆说"就不容易站住脚。

# 四 清代普洱茶发酵的形成

清代皇室成员，都形成了冬天饮用普洱茶，夏天喝龙井和花茶的习惯。普洱茶深得清王朝权贵们的青睐，从而导致生产数量每年都在增加，年产量居然达到 8 万担之多。

普洱茶的贡茶从采摘开始，再运到皇宫，时间大约需 110 天，而非贡茶的普洱茶加工和运输时间则更长，大约在 4—5 个月。这样一来，普洱茶就有了由于运输原因而导致的陈化过程。

先看看贡茶运送路线，清朝前期是从普洱出发，到昆明后，依次是昭通—成都—西安—太原—北京。

中期的线路，昆明经昭通，到达成都后，走水路，沿江而下，到湖北，再到江西，北上到达北京。

后期的线路，出云南后改变了，经过贵州，到湖南、江西，然后北上，运送到北京。贡茶征购完备后方许民间进行采购。贡茶押运时，在驮运的骡马驮子上插有"奉旨纳贡"的黄旗，经平彝（今富源）胜境关入贵州，经湖南至京城。贡茶的运送路程，从茶山到京城全程大约是 7370 里。

关于运送时间，清朝的户部有明确规定，如（云南地方）"解员事后由部颁照，任限照正印解员引见后填给，云南限一百一十天"。也就是说，云南运送到北京的时间不能超过110天，每天行走里程在60里左右。

朝廷把这些地方贡茶的运输当作地方官员重要的政绩考核指标之一。虽然路途遥远，运输道路艰难，但朝廷规定："凡解纳，顺治初，定直省起解本折物料，守道、布政使差委廉干官填付堪合，水路拨夫，限程押运到京。"

驿站承担着贡茶运输的大部分任务。贡茶到京以后，"解员事竣，由部给领司，任限照正印解员于引见后填给，经杂解员于发实后填给"。

我们来看看道光年间整个贡茶的运送行程。

云南境内路线：起始站为昆明，行走40里至板桥，从板桥行60里至杨林驿，再行75里至易降驿，在河口打尖，95里后至马龙州，茶马古道75里至沾益州，85里至来远铺，95里至宣咸州。85里到达倘城，在石了口打尖。

贵州境内路线：贵州境内的第一站是菁头铺，前行80里抵达咸宁州，80里到达横水塘，60里到齐家湾，70里到牛混塘，在野马川打尖，行50里到山高铺，40里到毕节县，40里到白岩，

50 里到判官脑。

四川境内路线：四川的第一站是魔泥，行 50 里到达永宁县，从永宁行 80 里到达江，经过 240 里水路可达泸州，60 里到忠州，120 里到万县，180 里到云阳县。

湖北境内路线：进入湖北的第一站是归州，前行 90 里到达宝的在湖县，经 240 里到达宜都县，行 90 里到江枝县，再行 90 里达送子县。前行 60 里到达荆州府的江陵县，从荆州到石首县 100 里，再行 180 里到达嘉鱼县，从嘉鱼县行 240 里到达汉阳府，汉阳府到黄州府的黄冈县 180 里，从黄冈县到蕲州府 180 里。

江西境内路线：从蕲州府行 180 里到达江西境内的九江府德华县，前行 60 里到达湖口县，从湖口县到彭泽县 60 里。

江南、安徽境内路线（江南省在清代包括江苏、上海及部分浙江地区）：第一站为池州府的东流县，其余依次为 90 里到达安庆府怀宁县，90 里抵达铜陵县，90 里抵达太平府的繁昌县，90 里抵达芜湖府，90 里到达当涂县，经过 130 里到达江宁县，60 里到达仪征县，途中经过燕子矶等处，从仪征县行 70 里到达扬州府江都县，120 里到达高邮县，120 里到达宝应县，120 里到达淮安府的山阳县，前行 90 里到达清河县，200 里到达徐州府宿迁县，130 里到达邳县，经河城关行 20 里到达清河关，20 里到达梁山城门，

20 里到皇陵庄。此段路线经过安徽和江南的各地，路线较为平坦，没有太多的急流和崎岖山路，一定程度上保证了贡茶的时效。

山东境内路线：第一站是与江南省交界的台儿庄，20 里到达侯县，8 里到顿庄，7 里到丁庙门，20 里到万年门，50 里到张庄，10 里到琉璃门，50 里到韩庄，50 里到张阿门，25 里到滕沛门，20 里到滕县，130 里到沛县，经 130 里到达鱼台县，70 里到济宁，80 里到巨野县，76 里到兖州府嘉祥县，38 里到南旺庄，行 40 里到达汶上县，43 里到东平县，82 里到张寿县，37 里到阳公县，20 里到东平府聊城县境内，70 里到临清州，140 里到武城具，100 里到故城县，150 里到德州，从德州行 72 里到达直隶省的东光县。

直隶境内路线：直隶境内的第一站是东光县，前行 70 里到达天津府南皮县，行 70 里到沧州，100 里到达青县，70 里到静海县，110 里到天津县，88 里到武清县，140 里到通州，40 里到北京的东便门。

普洱贡茶到达京师后，由礼部接收，通常由内务府广储司下属六库之一的茶库收讫。

之后，进入茶房、茶库或御茶膳房存放，不仅作为皇家生活用品备用，也用于赏赐臣属及外国使节，还被当作药物和祭祀物使用。

从时间上看，普洱茶贡茶进京，大约要 4—5 个月，在 5 月份至 7 月份这几个月的运输时间里，整个中原地区都是雨季。

贡茶的运送时间和经过的地区清楚了，我们再来看看这个时间段各个地区的天气情况。下面的数据取自清后期以及民国时期。

贵州，原本就是"天无三日晴"的地方，再加上是 4 月份，雨水天大约有 16 天，阴天有 13 天，就是说晴天只有一天，气温也在 18 度左右。空气湿度在 85% 以上。

四川，雨水天大约有 10 天，阴天有 19 天，就是说晴天也只有一天。气温在 23 度左右，湿度也在 85% 以上。

湖北，雨水天大约有 16 天，阴天有 12 天，晴天有 3 天，气温也在 25 度左右。空气中的湿度在 85% 以上。

江西，雨水天大约有 13 天，阴天有 14 天，晴天有 4 天，气温也在 26 度左右。空气中的湿度在 85% 以上。

安徽，雨水天大约有 9 天，阴天有 19 天，晴天只有 2 天，气温最高到 31 度。空气中的湿度在 85% 以上。

山东，雨水天大约有 6 天，阴天有 14 天，晴天虽然有 10 天，但是气温在 30 度左右。空气中的湿度在 80% 以上。

河北，雨水天大约有 7 天，阴天有 12 天，晴天有 10 天，气温也在 28 度左右。空气中的湿度在 75% 以上。

只看上面的时间，普洱茶贡茶运送过程中，在高湿度环境里的时间，就有 80 天。在将近两个月的时间里，普洱茶一直在湿润的环境中移动，茶叶从外到内，湿度已经远远不止出云南时候的 11% 了。11% 是普洱茶压制时必须控制的湿度。

经历了几个月风雨的普洱茶，到北京后又恰逢高温。这样一来，湿度、温度以及移动过程中的高浓度氧气，完全符合了普洱茶发酵的全部条件。

普洱茶发酵的条件有三个，湿度在 70% 以上，温度在 20°C 以上，氧气含量在 20%。

普洱茶的发酵，在整个运送过程中开始，当运送到北京后，进入仓库，再放置一段时间，到冬季时，才开始泡茶饮用。从 7 月份到 10 月份，北京的湿度、温度都非常适合普洱茶发酵，于是普洱茶就静静地在仓库里进行着发酵。

普洱茶在春季生产出来，又经历了一个夏季和秋季，还经过梅雨季节的湿润，必然开始发酵。而且，它还在皇宫存放有半年之久。在口感上已经和在云南地区刚刚生产出来大不一样了，因为发酵，而去掉了苦涩味，平和甜润了很多。

想象一下，京城的八旗子弟、达官贵人，在冬天烤着火炉，吃着油腻的牛羊肉，配着已经发酵过的普洱茶汤（这个时期普洱茶的汤色就偏红褐色），是多么享受。我相信，在那个时候，他们就已经发现普洱茶是可以长期存放的，而且是越存放越好喝，这个特点也让普洱茶成为贡茶里的新贵。

而因为运输原因造成的发酵，也是香港发水茶技术的由来。

第四章

香港的发水普洱茶

# 一　普洱茶在香港的盛行

香港茶楼林立，非常繁荣，特别是节假日，更是座位难找，要提前预订。有位置坐下的茶客，都是慢悠悠地品茶吃点心，不慌不忙，后面等位置的茶客则焦急地排队等待。香港茶楼永远是人山人海。

茶楼曾有一对联，非常盛行，是这样写的：

普洱铁观音松祷烹雪醒诗梦，

龙井碧螺春竹院弥香荡浊尘。

从这副对联，就可以看到普洱茶是位于第一位的，这充分说明了普洱茶在香港的受喜爱程度。

香港本来不产茶叶，但它却是中国的一大品茶之都。站在香港街头，放眼望去，招牌上"茶"字居多，茶行、茶庄、茶楼、茶室、茶座、茶餐厅、凉茶等，比比皆是。

能有这样的茶文化气氛，显然也非一日之功。

香港人认为，喝普洱茶，不但可以调节身体机能，更有利于清除肠道垃圾，维护身体健康。其实，能起到消腻去膻、活血清毒的茶叶不单普洱茶一种，比如绿茶、乌龙茶也都有此功效，但一般香港人认为那几种茶叶性寒，而普洱茶（特别是陈年普洱茶）性温，老少咸宜，适合港人肠胃。更不用说普洱茶口感平和甜润。

而且，普洱茶在京城盛行，还是皇家贡茶。在此盛名之下，

香港人也就对普洱茶更加喜爱了。

　　云南的普洱茶，由于富含茶碱以及茶多酚，最适合口味重的人饮用。口味重的人，胃的消化功能是很好的，并且还非常喜食重油荤的食物，而云南普洱茶力道强劲，用来解腻消食最为合适不过。但是香港人口味清淡，比较喜欢喝红茶，那他们怎么会喜欢上普洱茶呢？其实，跟贡茶运输过程是一个道理。香港人所喝到的云南普洱茶，也因为运输原因发酵了。发酵后的云南普洱茶，汤红，口感温润，顺滑，没有苦涩味道，深得香港人的喜爱。

## 二 香港普洱茶的发酵和陈化

　　早些年间，云南出产的普洱茶，都需要马帮运输。为了节省空间、加大运输数量，云南大叶茶都是按照贡茶的标准压缩成一定形状，比如压成饼茶和沱茶。

从云南到香港，要经广东，千里迢迢，要从海拔 2000 米到零海拔，要经过热带雨林气候，从高原再到热带，最后经历海洋气候，历经 3—5 个月的颠簸，普洱茶才能运输到香港。这个过程中，随着海拔下降、空气湿度逐步增加，普洱茶一路上逐渐发酵。

而且，马帮在运输过程中，为了防止茶饼碎裂，一路上又经常喷一些水，使得茶饼不会炸裂。这种人为的湿度加大，又加快了发酵的化学反应。等到了香港，绿色的云南普洱茶生饼已经发酵成棕红色的饼茶。这时的普洱茶已经完全失去了在云南刚生产时的生猛苦涩，而是展现出一种温润的味道，入口醇和，回味悠长。

香港人大为喜爱，他们甚至认为普洱茶就是他们喝到的这个样子。

实际上，这种普洱茶，和从群山中采集出来的云南普洱茶，从口感到色泽，都有了很大距离。

由于云南到香港，路途遥远，加上道路难行，所以，在很长的一段时间里，香港少有人来过云南，几乎没有人见过普洱茶最初的样子。他们觉得云南普洱茶就是褐红色的。而获利方，比如知道或者见识过普洱茶微妙变化的商人，由于利益的原因，也就不说破了。商路由此建立，一方有的赚，另外一方有的喝，大家也就如此继续下去了。

　　香港是个商业氛围非常浓郁的社会，随着普洱茶的销售量越来越大，香港商人迅速发现了普洱茶的奥妙，知道云南普洱茶成为大热的关键，全在一个"陈"字。也就是说，普洱茶要好喝，得经过陈化，也就是必须经过发酵。

　　先说运输原因导致的发酵。普洱茶从云南到香港，有下面几条路可以走：

　　第一，走贡茶线路，昆明到贵州，到四川，再到湖南，到湖南后南下，经广州到香港。

第二，走越南线路，普洱到墨江，元江到石屏、蒙自，经河口出口到越南，越南再到香港。

第三，走泰国线路，勐海到易武，经勐腊出口到老挝和泰国，泰国再到香港。

第四，走缅甸线路，普洱到澜沧，到孟连出口，到缅甸仰光，再到香港。

以上的运输线路，主要集中在 4—8 月之间，这段时间里的天气情况有历史数据可查：每月的雨水天有 15 天以上，最高气温是 38 度，最低气温 25 度。而降雨量基本集中在这段时间，差不多有 1000 毫米。湿度都在 85% 以上。

在这样的环境里，普洱茶因为湿度、温度都达到发酵条件，就开始发酵了，并且有几个月之久。

说过运输原因导致的发酵，我们再来说说普洱茶到香港后的仓储发酵。

香港茶叶的贸易量是非常大的，当地建有很多茶叶存放仓库，这些仓库的温度、湿度都非常适合普洱茶的后期发酵。

云南海拔高，气候干燥，存储多年的普洱茶也可以发生类似的化学反应，但是，由于湿度、温度各种因素的不同，云南当地发酵的普洱茶，都无法达到香港普洱茶的发酵程度和效果。更重要的一点，一般的茶叶是不能过久储存的。贮存一年后，就会逐渐失去茶香。同时，茶叶很容易吸味，一旦和其他物品共同储存，很快就会吸收别的味道，变得无法入口。而云南普洱茶独具特性，偏偏符合长期存放，还能后期发酵，越放越好。所以云南普洱茶简直跟香港是天作之合。

这些陈年普洱茶的茶气，不断催化着新入仓的普洱茶品，而后到的新鲜普洱茶的酶也同样活化刺激着老茶。如此生生不息，形成了普洱茶存放的理想陈化环境。

## 三　交通便捷对普洱茶传播的影响

晚清时期，云南与内陆交通不便，想要到达沿海港口，需要向东经过广西或向南经过越南再转入香港。

当时，云南马帮带着货物跋山涉水，从云南到广西北海，都要50天时间，所以运输的主要是价格较高易于保存的矿产，茶叶相对较少。

但在 1910 年却发生了一件大事，中国昆明和越南之间通了火车，即滇越铁路。

云南茶叶从昆明上火车，先运到越南，从越南海防上船，再送到贸易中心香港，这一过程看似复杂，但运输时间却比以前节约了好几倍。大约一个星期的时间，云南的茶叶就可达到香港。

至此，原来以藏区为主要市场，主要靠马帮转运的云南普洱茶，在 1910 年 4 月 1 日以后，就转变为通过铁路运输，经由越南到香港，只用 7 天而已，大大减少了运输时间。最后，普洱茶经香港转销往中国东部沿海、东南亚以及欧洲。而香港，成为普洱茶走向世界的主要中转地和枢纽。

# 四 普洱茶在香港的发水

由于运输时间大大缩短，香港收到的云南普洱茶，没有经过发酵。普洱茶的青涩、苦的味道比以前香港存放的普洱茶严重了许多。

于是，机敏的香港商人，利用以前积累的存储普洱茶的经验，开始了高温、湿仓存放的方式来人工发酵普洱茶。也就是说，普洱茶的人工发酵，源于香港长时间的仓储习惯和焖仓的经验。

香港都有喝早茶的习惯，酒楼一般都会提前将茶叶放在仓库存放，按食材的保存方法保存（即控制一定的温湿度）。

在香港城市建设的初期，货物仓储成本较低，普洱茶可选择存放的空间较多。当香港慢慢发展成为国际港口、东方明珠后，变得寸土寸金。普洱茶在当时尚属于低价商品，其仓储环境也慢慢从地上转变至地下，只能选择成本更低廉的地下室仓库。香港属于花岗岩地形，坐向朝南，年平均湿度超过92%，这种自然仓储环境，相比我国其他地区而言都算十分潮湿。香港每年的4—5月会出现返潮，花岗岩地面渗水，地下室仓库即使架高货物，地面还是有液态水，整个仓储环境的湿度达到了过饱和。香港夏季气温特别高（超过35℃），在高温高湿环境下，茶品自身的氧化反应以及微生物参与的发酵反应都会放出热量，再加上相对不通风的环境，茶仓中会格外潮湿闷热。

在香港，普洱茶存放的仓库有两种，一种是公设仓库，一种是私人设立的仓库。

私人仓库在存放普洱茶时会定期进行翻仓，将仓库中的茶品的空间位置进行改换，避免由于仓库中温湿度分布不均造成茶品转化的程度不同。而公设仓库则不会帮助物主翻仓，一般在存放三年过后，茶品会被拿出来退仓两年，退仓会选择一个高温干燥（相对于湿度过饱和的环境）微通风的环境。退仓的时间大多在冬天，以利用冬天相对干燥的气候将茶品中过量的水分抽出。完成第一个仓储循环（入仓三年，退仓两年）的茶品会第一次上市贩售，在经过一两年的销售后再入仓，完成第二个仓储循环。当然，不同的茶庄都会有不同的细节调整。

对于当时的港人而言，评价普洱茶品质的指标并非是茶品的仓储年份，而是茶品所达到的转化状态，只有转化到适合当地人口感与体质的茶品，方有资格称为"好茶"。在1995年台湾市场关注普洱茶之前，香港茶业没有标识茶品年份的习惯，只考量茶品是否达到了"可饮"的标准。从另一个角度看，这是一种更为贴近茶品品质，摒弃市场炒作，更直观体现茶品价值的标准。

香港在春夏之交，仓库一般都紧闭门窗，因为如果遇上台风侵袭，会夹带雨水溅入仓库。在此时期，仓库内四处挂着湿度计，如果提示湿度过高，放在茶堆与茶堆之间的牛角风扇就派上用场了，但不能对着茶叶直吹，而要对着走道或墙壁直吹，增加仓库的空气流通，使水汽散去。所以存放普洱茶难就难在这里，有任何情况都要人看管。但是这样一来，需要的时间太长了，对于市场需求而言，是等不了的。于是，香港商人便开始在存放的茶叶上面洒水，提高茶叶的湿度，利用仓储的高温来发酵普洱茶。这样一来香港发水茶就出现了。

第一步，先将普洱茶架高，跟地面保持一定距离，具体高度每家都不一样，10 厘米或者 50 厘米不等，两排货架之间留有人员行走的空间。

第二步，对货架上或者地上的普洱茶洒水，每次洒水量不多，以喷洒的方式达到湿润就可以。每百斤茶叶加水大约在 20 斤，用麻袋覆盖使其发热，3—5 天洒水一次。

第三步，20 天左右，仓库里出现了比较大的霉味，就停止洒水，并打开门窗和通风设备通风，通风 5 天左右，再将茶叶移出并干燥，茶叶干燥至七成即可。

经历以上操作，普洱茶因为发酵而被人为的做旧了，一般的普洱茶都会褪去青涩，达到汤色红润、口感绵软的效果。如果还有没有达到要求，则按照上列操作再来一次。

按照现在的科学解释：普洱茶在高温高湿的环境里生成的微生物，对普洱茶的植物链接排序进行破坏，再利用普洱茶的酶促氧化过程，完成对普洱茶的植物链接重新排列（也就是发酵的过程），使得普洱茶的茶碱、咖啡因等刺激性物质转换为对人体有益的成分。

香港的茶楼在广州一般都有分店，分店的员工对这种做旧的手法是有些知晓的。这为后期的广东普洱茶发酵，提供了技术参考。

第五章　广东发酵普洱茶时期

广州发酵的普洱茶，已经和现代云南熟茶非常接近了，是借鉴了香港的茶叶做旧技术，再根据前人的经验，研发出来的。

广东普洱茶最具标志性的熟茶有广东饼茶和广云贡饼茶。两者的加工工艺是一样的，但是，在茶叶的原材料上有很大区别。

# 一 广东饼和广云贡饼

20 世纪 50 年代初期，广东进出口公司的成品茶在香港不太好卖，因为没有经过做旧。广东为打开成品茶市场，在 20 世纪 50 年代后期，根据香港的仓储经验和发水茶技术，于 60 年代初期形成广东普洱茶发酵技术，并形成了广东风格，将普洱茶大量出口到香港。

在广东普洱茶的冲击下，香港丧失了做旧普洱茶的优势，做旧普洱茶需要的时间很长，所以，还不如向内地进口普洱茶成品。

当时的云南是没有茶叶出口权的，普洱茶的对外销售以及生产数量，由拥有出口权的广东茶叶进出口公司或者拥有销售话语权的香港人持有。

20 世纪 60 年代以前，香港茶商不但是销售主力军，还是生产主力军。香港人采用人工做旧技术（就是湿仓存储），将快速陈化后的普洱茶大量供应给香港茶楼。

将茶叶做旧，其实就是湿仓茶的技术，也就是普洱茶熟茶的前身。可以说，香港人研制的做旧技术，开启了仓储发酵以及随后的熟茶发酵时代。

广东茶叶进出口公司从香港商人的做法中得到启发，研究出一套人工加速后发酵普洱茶的工艺技术，这个技术，在当时俗称普洱茶发酵技术。

发酵技术于 1957 年获得成功，大大缩短了之前传统普洱茶的后发酵陈化过程和时间，为现代普洱茶加工技术的革新和生产发展做出了重大贡献。

广东茶叶进出口公司于 1957 年开始利用此项技术，在大冲口仓库进行批量加工，生产散茶和紧压茶，广东普洱熟茶从此诞生。当时生产的普洱茶饼茶被称为广东饼，很受港澳市场追捧。于是，广东普洱熟茶的制作场地迅速扩张，制作技术也越来越成熟，普洱茶的产量也越来越大。

广东普洱茶，是带有广东烙印的熟茶，和现在的云南熟茶风格差异很大。在茶叶用料上就有很大区别，广东饼采用广东毛茶、云南毛茶、越南毛茶进行发酵后拼配，生产出来的成品还有一个很特别的名字：广云贡饼。云南在没有茶叶出口权的年代，云南茶叶进出口公司每年向广东茶叶进出口公司提供原料，用于生产普洱茶，出口香港。

当然，广东公司用得最多的原料还是广东原料，云南茶叶只是配角。广东公司也会向云南调拨成品茶，但数量有限。

# 二 广东普洱茶的生产加工流程

广东普洱茶生茶加工，主要看两方面：原料来源和加工工艺。当时的发酵工艺，有着明显的时代烙印和地域特色。

### 1.广东普洱茶的原料来源

广东普洱茶以云南普洱地区所生产的大叶种晒青毛茶作为原料来生产加工，在历史上确实存在过，但时间不长，数量也不多。

由于交通不便等原因，云南的普洱茶并不能够定时、定量、定期地保证广东的需求。而广东的茶商，为了满足市场需求以及出口创汇，普洱茶的生产加工就必然要以广东为核心。于是，茶商们在广东及周边地区，开始大量收集各种原料，不完全是大叶种晒青毛茶，中小叶种、小叶种也可以，甚至还出现了用绿茶来发酵生产和加工普洱茶。这种现象在1949年以前就有，并且还存在了很多年，一直延续到1974年。

### 2. 广东普洱茶的生产加工工艺

广东普洱茶，是把大叶种、中小叶种、小叶种、炒青绿茶、烘青、蒸青以及晒青毛茶全部拿来进行发水渥堆，让茶叶发酵后拼配压制而成。

渥堆发酵技术源于香港的发水茶做旧技术，它生产出来的茶叶就具有红汤的最大特色，同时去掉了茶叶中的苦涩味，口感比较甜润顺滑。

1）场地选择，发酵场地一般是坐北朝南，不能让阳光直接照射。南北的门窗要装好，主要目的是便于透气通风，从而控制整个发酵场内的湿度和温度。同时，场地周围一定要注意清洁卫生，要远离垃圾堆放和被污染的区域。

对于水源的要求就是提取方便。

对于地面的要求是，水泥地面比较好，土质地面也可以，只要在土质的地面上用方砖铺设平整就可以，不能凹凸不平。这样才便于茶叶发酵过程中的翻动，同时，也不会让一些沙土杂质混进茶叶里来。

2）洒水，全部用热水。后面介绍的现代云南普洱茶发酵用的是冷水。

先把收集的全部散茶原料进行一次全面洒水，让所有的茶叶浸水湿润，洒水要根据茶叶堆子的湿度和温度情况而定，重复多次。

洒水量的要求是不同的。广东普洱茶当时采取的方式是对大叶种以及等级在三级以上的原料（四级、五级、六级的茶叶木质纤维含量较高，水分吸收量相对较大）可以多给一点水，按照发酵茶叶数量的比例，用水量要超过 25%。

对于茶叶等级在一级、二级、三级或者是中小叶种的原料，植物纤维含量偏低一点，洒水量就控制在所发酵茶叶量的 20%。

还要根据天气和温度来控制用水量。春夏季节，室内温度很高，湿度也大，洒水的量要稍微低一点，低于 25%。如果在秋冬季节，广东温度相对低些，室内湿度相对于夏季要小些，洒水量要稍微多一点，稍微高于 25%。

3）打堆，就是把已经经过水湿润的茶叶，按照一定的高度、长度、宽度堆积起来，比较像现在的普洱茶发酵渥堆。

广东普洱茶渥堆时，每堆的高度一般控制在 1.3 米左右，不超过 1.5 米，每一个堆场基本上是 5 吨茶叶以上。

渥堆发酵是利用湿度、温度，让茶叶的植物纤维结构和内含物质发生化学反应，这种发酵原理在后面的云南普洱茶章节里会详细讲解。

4）翻堆，打堆开始发酵 24 小时后，开始进行翻堆。

翻堆是发酵的第一阶段，就是通过微生物的作用改变茶叶的内部物质结构排序。但是当时广东普洱茶发酵过程中，人们不是这么理解的，他们认为翻堆的作用，是中止茶叶的高湿、高温，让发酵过程停止，避免发酵过度，茶叶出现泥状。

翻堆的主要任务是为了让水分均匀，不出现上、中、下层的含水量不均匀的情况，从而导致发酵不均匀。所以这次翻堆的目的不是控制发酵程度。既然只是为了上下均匀，那么这次翻堆，自然也不需要开门开窗让空气对流来调节温度和温度。

翻堆是要进行多次的，后期翻堆的目的，则是要控制发酵程度。

在什么时间翻堆，依据只有一个，就是发酵茶叶的堆温和时间，24 小时以内（也就是在渥堆后的第二天）或者温度起来了，发酵茶叶的堆温达到 40°C 了，就必须翻堆。

如果过了四五天温度依然起不来，那也要翻堆。这个时候翻堆，是控制水分，不能让底部积水，底部水量过大，茶叶就烂了。

广东普洱茶在发酵过程中的翻堆次数是根据发酵情况来定的，没有固定次数，可能五六次，也有可能达到十次，只有一个标准，就是发酵成功，目标是红汤茶。整个过程所用的时间也是不确定的，大约在 40 天左右，有些时候，因为天气原因，甚至在 50 天以上。

5）解块，翻堆过程中，要先对茶叶进行解块。

发酵过程中，在高温高湿的情况下，茶叶会形成整块的板结，那么就需要解块。

解块就是把大块板结的茶叶解开，便于下一次渥堆发酵时，茶叶可以保持匀整湿水和发酵。

6）再次渥堆发酵，解块后的茶叶，再次按照 1.3 米的高度打堆，堆子打好后，开始对茶叶表面洒水，洒水量还是按照前文讲述的比例，再次渥堆发酵。

7）冷堆和摊晾，经过几次渥堆发酵后的茶叶，在达到发酵目的后，就要开始冷堆。

先将发酵的茶叶翻开，将结块的茶叶解块，再摊开进行冷堆，摊开晾干。

冷堆、摊晾过程中要把所有的门窗打开，通风并且保持透气，让室内温度和湿度整体下降。

摊晾的厚度控制，也要灵活掌握，一般控制在 15 厘米到 20 厘米。如果太厚，不易干。如果薄了，就会干得太快，发酵骤然停止，对口感影响较大。

摊晾过程不是静止不动的，还要进行多次翻开拌匀，从而让上下层全部干透，晾干的速度保持一致。

当时的地面，大部分是土地面上铺设砖块，广东的天气比较潮润，地面会返潮，所以，要根据实际情况，决定翻开再摊晾的次数。

有时候，地面湿度较大，需要将茶叶转移场地再摊晾。

但是，不能用日晒和烘焙的办法来干燥普洱茶。经过日晒和烘焙，普洱茶的醇香味道就有很大可能消失，或者是降低很多。所以，整个摊晾过程，必须让发酵茶叶在自然环境下自然冷却。

8）起堆和破筛，将发酵好、摊晾好的茶叶起堆。起堆以后的普洱茶拿来进行筛分，筛分好后根据茶叶的条索形状，按照等级区分出来，摆放在不同的区域仓储备用。

9）拼配压制，根据市场对口感、汤色、外观、条索等各方面的要求，将筛分好的茶叶进行拼配，拼配完成以后，散装或者压制成各种形状，开始销售。

这就是广东普洱茶的整个发酵工艺流程。我再来补充几点：首先，广东普洱茶借鉴了香港发水茶的经验，目的是红汤茶，而云南普洱茶，目的是要达到一定的发酵程度。

再来说说发酵堆的温度控制。广东普洱茶在发酵过程中，发酵温度一般控制在53°C左右，不会超过59°C。温度一旦达到或接近59°C，人员就必须马上翻堆，摊晾冷堆，让温度降下来。发酵堆温度有特定的测量方法：取发酵堆从上而下四分之三的位置，这个地方测量的温度基本上就比较准确。

还有一个小知识。在整个发酵过程中，由于广东湿度比较大，空气比较温润，普洱茶在渥堆发酵过程又是高温、高湿的环境，所以茶叶里很容易产生一种螨虫。这种螨虫是白色的，且细小，被称为粉螨，粉螨是不耐高温的，沸水冲泡后就没有了，存放多年后也会没有的。粉螨，在广东普洱茶里面是很常见的，但是对人体无害。

# 三 广东普洱茶的品鉴

在品鉴广东普洱茶的时候，我们要明白一点：广东普洱茶和云南大叶种晒青毛茶的普洱茶，虽有一定的关联，但是是两种不一样的茶叶，所以要按照各自的特点去品鉴。

前文我们提到过，广东普洱茶因其历史原因，在原材料上和云南的普洱茶有很大的区别，而它的发酵又沿袭和发展了香港的湿仓茶以及做旧茶。所以广州普洱茶在品鉴的时候，以汤色红亮，口感上无苦涩即可。又由于发酵过程中茶叶木质纤维后期转换所形成的仓味，广东普洱茶和霉味时常相伴相存。

那么广东普洱茶具体应怎么品鉴呢？

广东普洱茶的评定标准有六个方面:

生产年份、茶叶外形、茶汤颜色、茶汤香气、茶汤滋味、冲泡后的茶叶叶底。

年份自然不消多说。

茶叶外形，是根据条索的紧结度是否显毫来判定，广东普洱茶的原料是分等级的，所以外形上看要比香港茶精致很多。

茶汤颜色，汤色以红艳明亮或者红浓为标准，不能出现香港做旧普洱茶的黄红。

茶汤香气，要求醇厚馥郁，而不是香港做旧普洱茶的鲜醇和醇厚。

茶汤滋味，要求醇滑，和香港做旧普洱茶的浓纯区别很大。

茶叶叶底，要求叶底柔软，色泽褐红匀整，香港做旧普洱茶则是柔软黄亮或者泛红活亮。

工艺成熟的广东普洱茶，已经和香港的湿仓普洱茶和做旧普洱茶区别开了，不只是发酵后再压制的区别，而是茶叶内在物质转化而导致的茶叶外在颜色、茶汤香气、口感、色泽的全面的改变。

广东普洱茶是从大规模自然发酵的红汤茶到工业化人工发酵生产茶的一种转变。

广东普洱茶的冲泡，基本上是用茶壶类的器皿，采取轻微闷泡的技巧，出汤即可。

广东普洱茶散茶冲泡：取散茶 5 克，选择大小适合的茶壶，茶水比例在 1∶40，注水量还要根据个人口感适当调整，可酌情增加和减少。

首先注水洗茶，将沸水直接注入茶壶后，即可出汤，这个出汤是要倒掉的，用来清洁茶叶在发酵过程中的异物，例如上面说到的粉螨等。之后再将沸腾后的开水注入茶壶，静待大约 10 秒后出汤，放置在公道杯内，和友人分汤品鉴。茶叶五泡内，出汤时间一般不要超过 25 秒，再往后出汤时间就要逐步延长，根据茶汤颜色、滋味以及个人口感浓淡而定。

压制饼茶的冲泡：先将饼茶解开至小块状备用，茶汤比例也和散茶差不多，只是在出汤上和散茶有些区别，因为是紧压茶，所以茶叶一开始的浸出物较少，用时就要久些，大约在 40 秒。第四泡开始，就要减少所用时间，在 15 秒左右，再往后就根据个人口感习惯来决定，逐步加大出汤时间。

较好的广东普洱茶，饼面显毫，色泽褐红油润。茶汤色泽是红浓明亮，且有通透性。口感浓醇厚滑，有些回甘。

　　茶叶饼面呈青色而且干涩，口感出现苦、涩、酸等，则较次。

第六章　云南普洱茶熟茶

云南普洱茶熟茶，经过了历史的洗礼和时间的冲刷，从自然发酵到人造红汤，再到人工渥堆发酵变革，从云南、香港、广州等茶叶先辈们的雕刻，到获得东南亚、日本、欧洲客户的认可和尊重，如今重回云南，成为具有地理标志的中国现代茶叶瑰宝。

# 一　云南普洱茶熟茶的回归

　　1973 年初，云南省茶叶公司参加广交会，对云南普洱茶大力宣传。在和茶叶同行交流的过程中了解到，香港客户需要的普洱茶，是发酵过的红汤普洱茶，不是云南当年生产加工的普洱茶，外观颜色不一样，口感也区别很大，他们就想到一定是发酵的原因。

　　参会的云南省茶叶公司的工作人员看到广东普洱茶，得知是广东自己发酵做的，就对广东普洱茶做了一些了解，但由于技术保密，工作人员只了解到一些皮毛。

　　会议结束，参会人员从广州回到云南，因为云南省茶叶公司在广交会上进行了宣传，所以收到了一份从香港发来的普洱茶订单。下订单的香港商人提出，他们需要的普洱茶是具有"红汤"

特色的普洱茶，并且还提供了一份样品，这个样品，就是广东发酵普洱茶。经过工作人员认真研究，样品确实是已经发酵过的普洱茶。

云南省茶叶公司在当时是没有生产过这样的普洱茶的，公司领导考虑良久后，决定召开会议，商量如何应对这个订单。

会议讨论决定，立即派人去样品的生产地（也就是广州）去学习红汤茶的加工工艺，再回云南自己生产加工，从而完成这个订单。

会议研究决定，由昆明茶厂吴启英和勐海茶厂邹炳良为技术骨干的 7 人小组，前往广州学习发酵技术。他们在广东茶叶公司的帮助下，基本掌握了广东普洱茶的发酵技术。学习小组回云南后，按照广州的发酵工艺，开始在昆明茶厂进行大规模渥堆发酵实验，但是几次都以失败而告终。

技术骨干们经过认真研究后才发现，主要问题出在水的温度方面，广州发酵时是用热水喷洒的。而广州空气本身就更湿润，温度还比昆明高，普洱茶在广东的发酵条件，昆明是不具备的。

技术人员找到失败的原因后，听闻没有去广州的陈老先生自己研究发酵成功了一批熟茶。陈老先生用冷水喷洒，并且利用覆盖来提高湿度和温度来发酵普洱茶。于是，大伙儿将陈老先生发酵的普洱茶拿来品鉴，和香港商人送来的样品，相似度极高。于是，技术人员采用同样的方法，经过努力，云南省茶叶公司也生产出属于云南的第一批普洱茶熟茶。并且将陈老先生发酵的熟茶和云南公司渥堆发酵的熟茶拼配在一起，交付了订单，得到了香港商人的认可。

这批熟茶成为云南省茶叶公司首批按照红汤茶要求生产的普洱熟茶。于是，1973年这一年被普洱茶界认定为工业化生产云南普洱茶熟茶的元年。

陈老先生会做渥堆发酵普洱茶，是有原因的。原来，陈老先生在20世纪40年代就在昆明做普洱茶生意。他当时看到有很多人去昆明的瑞丰茶号购买普洱茶，还都是居住在昆明的广州人，他觉得有些蹊跷，便前往查看，发现瑞丰茶号的普洱茶，茶汤色泽红艳，味道和自己销售的普洱茶不一样，没有了苦涩味道。于是，他请教瑞丰号的马老板。在知道是渥堆发酵的原因后，他自己开始做渥堆发酵实验，并加工生成了一些汤色红艳的普洱茶。不过那个时候的渥堆发酵，是以调整口感为目的，主要是去掉茶叶的苦涩味道，属于轻发酵。

昆明1940年前后的渥堆发酵，不是突然出现的，云南在此之前已有一些关于普洱茶发酵的记录，但是，都是轻发酵，没有广州的发酵度高。

1939 年，范和钧先生来到佛海（今勐海），考察西双版纳茶厂生产能力。他的调查结果《佛海茶业》中清楚地记载了当时的制茶工艺，其中就有渥堆发酵的步骤。范和钧的《佛海茶业》里有对紧压普洱茶原料发酵的描写："丙、潮茶一盘灶须高品、梭边各百五十斤，概须潮水，使其发酵，生香，且柔软便于揉制。潮时将拣好茶三四蓝（约百五十斤）铺地板上，厚以十寸为度，成团着则搓散之。取水三喷壶匀洒叶上……潮毕则堆积一隅，使其发酵，热度高时中心达 106 度，近边约 92 度。"

1944 年，谭方之也记录了普洱茶原料的发酵技术："茶叶揉制前，雇汉夷妇女，将茶中枝梗老叶用手工拣出，粗老茶片经剁碎后，用作底茶，捡好之'高品''梭边'，需分别湿以百分之三十水，堆于屋隅，使其发酵，底茶不能潮水，否则揉成晒干后，内部发黑，不堪食用。"

上面两个记录都说明，普洱茶在原料加工过程中，就有使用发酵技术。

而下面的记载，则说明云南也有关于茶饼的发酵，这点和香港的湿仓茶很相似。

1957 年，西双版纳茶厂（勐海茶厂）的负责人唐庆阳先生说：

"解放以来，西双版纳茶厂打破过去雨季中不能加工的做法，提前在三季度雨季中生产圆饼茶。经过一定温度和湿度的人为技术管理，不但控制霉菌生长，而且依然能保存圆饼茶发酵后滋味醇厚的特点。"

可见，当时的圆饼茶是做成成品后进行"一定温度和湿度的人为技术管理"的，也意味着它有一个轻度的后发酵，有点像香

港的湿仓普洱茶。而且，口感是"发酵后滋味醇厚"，从各种特征上来说，又和广东普洱茶接近。

下关茶厂也有发酵的记录。1958年，下关茶厂自行实验加工了紧压茶，通过蒸汽高温快速发酵，全程翻堆只有两次，发酵时间最多不超过15天。根据记载，这种发酵的紧压茶缺陷较大，味道有些奇怪，但仍然为1975年以后下关茶厂研制自己的渥堆发酵技术打下了基础。下关茶厂最具有代表性的是消法沱茶，后面小节会有详细介绍。

云南熟茶的发酵技术，是经过茶叶技术人员努力，通过学习广东和香港的发酵过程，结合云南本地发酵技术，最终在勐海茶厂定格成为今天的熟茶渥堆发酵，从而在云南全面推广，为云南茶叶出口创汇，做出了巨大的贡献。

## 二　普洱茶熟茶的渥堆发酵

"渥"一字，最早出现在东汉年间。许慎在《说文解字》中对"渥"进行了注解："渥，沾也。"本义：洒水。

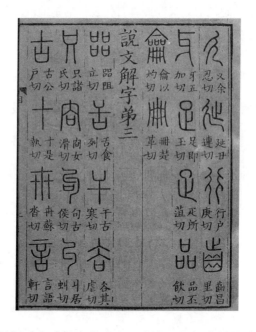

中国民间对伤感风寒的病人，也有用渥汗方法治疗，就是在服药后盖上棉被让身体的汗发出来。

中国传统的白酒酿造，其固态发酵的过程与渥堆的方法在某些环节也有相近的地方。

渥堆在普洱茶的发酵过程中，可实现快速发酵，将发酵时间缩短到50天左右。

发酵就是人为借助微生物在有氧或无氧条件下的生命活动，来制备微生物菌体本身或者直接代谢产物或者次级代谢产物的过程。渥堆发酵有利于普洱茶初级代谢产物与次级代谢产物的生成。

熟茶发酵，就是微生物对茶叶本身的纤维结构的改变和重组的过程。

茶叶纤维结构重组，是熟茶理念上最为重要的，也是发酵食品对人体有益的关键所在，因为，经过重组的纤维结构，便于人体吸收、转换。

普洱茶生茶和熟茶发酵的区别在于：生茶的发酵属于仓储式的自然发酵，基本上都是以压制、包装好的成品进行后发酵。这种发酵模式基本上没有人为干预的过程，也没有肉眼能观察到的微生物剧烈变化的过程。而普洱茶熟茶是以人为干预为主导，并控制发酵过程与结果，加上它是散茶的形式，可通过洒水、翻堆等方法，进行人为的有目的的干预，从而达到发酵目的。在这个过程中，微生物的繁殖与集聚是能观测到的，整个过程是动态的，能达到快速发酵的目的。

特别说明一下，渥堆发酵便于微生物产生"聚量效应"，也就是聚合反应。

初级代谢产物是和微生物的生长、繁殖直接有关的一类代谢产物，它们是组成细胞的各种大分子化合物或辅酶的基本成分。例如，氨基酸、核苷酸、维生素就是在发酵中最常见的初级代谢物。就像茶叶内含的蛋白质，就是由氨基酸组成的巨大分子，它们不能直接进人细胞内，不能被人体直接吸收。微生物利用蛋白质，首先分泌蛋白质酶至体外，将其分解为大小不等的多肽或氨基酸等小分子化合物，这样就能进入人体细胞。

而在微生物的新陈代谢中，先产生初级代谢产物，后产生次级代谢产物。初级代谢是次级代谢的基础。

而在渥堆发酵过程中，这种厌氧条件产生蛋白酶的菌种很多，细菌、放线菌、霉菌等都有，不同的菌种是可以产生不同的蛋白酶的，例如我们比较熟悉的黑曲霉。在渥堆发酵的最初两周时间内，主要产生的是酸性蛋白酶，但是在三周以后，短小芽孢杆菌就开始产生碱性蛋白质了。同时，由于渥堆发酵的时间最少需要45天，在形成连续发酵的过程中，微生物在稳定期的活菌数目达到高峰，次级代谢产物只有在稳定期才会产生。这时候，细胞内大量积累代谢产物，特别是次级代谢产物。不同种类的生物所产生的次级代谢产物不相同，它们可能积累在细胞内，也可能排到外环境中。而次级代谢产物大多具有生物活性，这个活性也许是普洱茶未来要研究的重点。

例如普洱茶的色素演变，由最初茶黄素到茶红素再到茶褐素，都是次级代谢产物。还比如渥堆发酵过程中出现的一些对人体有明显保健功能的化合物，像微量的抗菌消炎的，降血压的，以及降糖的等，均为厌氧条件下连续发酵而获得的次级代谢产物。

渥堆发酵技术，凭借人工控湿控温，延长稳定期，而获得大量次级代谢产物，与现代生物医药在抗生素生产过程中采用的"微生物连续培养法"有极大的相似性，只是后者的稳定性与可控性更强，属于现代生物工程范畴。

熟茶渥堆发酵，每个堆子茶叶量约 5 吨起，这样一来，促使厌氧的内部空间变得非常大，同时还适应了微生物的一个自身习性，就是发酵的底部茶叶越多，它的单位面积环境微生物的量越大，而环境微生物越多就对发酵底部茶叶的作用越明显。因为发酵过程中产生并作用的微生物不是单一的，而是几个大类的综合性微生物群体，它们共同配合，相互影响，协同作战，从而达到发酵目的。

# 三　熟茶渥堆发酵的微生物

普洱茶发酵过程中的微生物，具体分为三大类别：细菌、真菌、酵母菌。这三个类别的菌群，在渥堆发酵过程中对应着三个阶段，分别是改变纤维结构、培育酵素、重组结构。

20世纪70年代以后，关于普洱茶发酵，研究重点逐渐转到人工渥堆发酵技术。很多研究都表明，普洱茶在渥堆发酵过程中，存在着共性的微生物类群，但采自不同地区、不同时期的不同基础茶样，在研究中又存在着差异性。

### 1. 发酵过程中的霉菌类群

大部分发酵食品在发酵过程中微生物基本相同，普洱茶渥堆发酵过程中出现的霉菌，主要是曲霉菌，可达60个品种以上。其中，黑曲霉是主力军中的主力军。

黑曲霉存在于土壤中、空气中，是发酵过程中最容易从自然环境中获得的菌种。黑曲霉属于厌氧菌类，在厌氧条件下，它能够大量繁殖。它最初的颜色是白色，随着发酵过程逐渐转变为黑色。

只要是发酵食品，黑曲霉就一定会参与。在整个发酵过程中，只要是在温度37°C，湿度75%这种状态下，黑曲霉就会大量繁殖。

它在繁殖过程中，能够同时分泌淀粉酶、糖化酶、柠檬酸、葡萄糖酸、五倍子酸，这些菌类又为随后的发酵过程产生真菌繁殖提供了条件。

黑曲霉在整个发酵过程中，大量繁殖，同时产生酶，酶的产生过程必定会产生热，这个热，就是让渥堆发酵的堆温升高的主要原因。

这里要说明一点，整个霉菌，特别是黑曲霉，它属于腐生菌，会对茶叶产生腐败。就普洱茶的发酵而言，黑曲霉的作用仅限于发酵的前期，也就是我们经常说的第一阶段。黑曲霉是不会长期留存的，随着湿度和温度的改变，黑曲霉就逐渐消亡了。

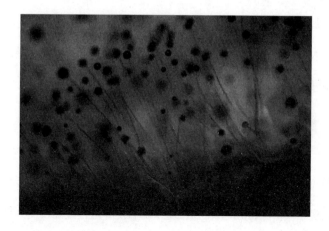

而普洱茶发酵的第一阶段，非常需要一个具有强大的破坏力的菌群来对普洱茶的植物纤维结构发生改变。在这种需求下，以黑曲霉为主的几十种菌群，共同作用于普洱茶的植物纤维，使其结构发生改变。

这就完成了熟茶发酵第一阶段的任务，破坏普洱茶的植物纤维结构。

### 2. 发酵过程中的细菌和真菌

细菌和真菌的培育是为发酵后期酵素提供帮助的，因为它们种类繁多，并且细小，无法检测出来，而且是动态的，所以发酵过程中的细菌总量和种类，目前还没有具体的数据。

我们来看湖南黑茶，它会出现冠突散囊菌（俗称金花），这种菌群属于散囊菌目发菌科散囊菌属，它在茶叶里面是对人体有益的。

普洱茶渥堆发酵过程中，温度达到 40—50°C，就会产生一定数量的细菌。细菌有益生菌，但也有致病菌。

普洱茶内含的多酚类物质较多，当细菌繁殖到一定程度的时候，就开始出现"括抗反应"，这个过程就会出现一小部分青霉类的次级代谢物质，来对致病菌产生抑制作用。虽然这些次级代谢物数量不大，但是功能却非常强大，完全可以抑制致病菌的发生。在对普洱茶长达十年的化学检测中，多达几百个样品中没有发现一例致病菌的存在，这就是青霉类次级代谢物质的功劳了。

细菌对糖类物质存在极强的分解能力，这个过程也是导致渥堆堆温升高的原因之一，因为细菌绝大部分为厌氧菌，在厌氧条件下，细菌的繁殖速度非常惊人，从而导致堆温上升速度也非常快。

这些细菌不仅影响普洱茶的发酵进程，还是普洱茶滋味与香气比较重要的决定因素。

这里需要提示的一点是，细菌与我们前面提到的霉菌不同，霉菌是不能与人体形成共生关系的，更不能通过饮茶的方式进入人体，也就是说不可能检测出类似黑曲霉这样的物质存在于人体中。而细菌则不同，它是人类最忠实的朋友，也是人体健康的守护神。人体内部及表皮存在大量细菌，总数达人体细胞总数的十倍以上。

广义上看，细菌为原核生物，分为真细菌（真菌）和古生菌两大类群；而狭义的细菌为原核微生物，是一类形状细短，结构简单，多以二分裂方式进行繁殖的原核生物。它在自然界分布非常广泛，是个体数量最多的有机体，还是大自然物质循环体系的主要参与者。如硫细菌、铁细菌等，它们以二氧化碳作为主要或者唯一的碳源，以无机氮化物作为氮源，通过光合作用或者化能合成作用，完成新陈代谢。

异养方式是通过腐生细菌作为生态系统中的重要分解者，使得碳循环能顺利进行。普洱茶渥堆发酵过程中，细菌的参与和繁殖主要以异养方式为主。

熟茶渥堆发酵中期会出现酸味，这是发酵过程中的普遍现象，是醋酸杆菌与乳酸菌共同作用的结果。随着发酵进程进入"酶促发酵"阶段，酸味就开始逐渐递减，直至呈偏弱状态。

乳酸菌主要有乳杆菌属和链球菌属，由乳酸链球菌、丁二酮乳酸链球菌、嗜热乳链球菌、短乳杆菌、发酵乳杆菌等组成；醋酸杆菌则有木醋杆菌、拟木醋杆菌、葡萄糖酸杆菌、产酮醋杆菌、弱氧化醋酸菌、葡萄糖醋酸菌、醋化醋杆菌以及巴氏醋杆菌。其中导致酸味的主要是木醋杆菌。

还有芽孢杆菌属，能形成芽孢的杆菌或球菌，还包括芽孢乳杆菌属、梭菌属。在特殊的环境下，菌体内的结构发生变化，经过前孢子阶段，形成一个完整的芽孢。芽孢对热、放射线和化学物质都有很强的抵抗力。芽孢杆菌典型的代表菌种是枯草芽孢杆菌、地衣芽孢杆菌、蜡样芽孢杆菌等。

以上是熟茶在渥堆发酵的第二阶段出现的细菌和真菌，它们的主要任务是为改变植物纤维结构提供重新排列的物质基础和能量来源。

### 3. 发酵过程中的酵母菌

熟茶渥堆发酵的第三个阶段就出现了酵母菌，酵母菌是将植物纤维重新排列的主要执行者。

酵母菌是一群单细胞的真核微生物，是以芽殖或者裂殖来进行无性繁殖的单细胞真菌的通称，要和霉菌区分开来。

酵母菌主要分布在含糖质相对较高的偏酸性环境里，例如各种水果的表皮、发酵的果汁、蔬菜、花蜜、植物的叶面、菜园和果园的土壤里以及酒曲里。

酵母含有丰富的酶系统，如蔗糖酶、麦芽糖酶、乳糖酶、蛋白酶、己糖磷酸化酶、脱羧酶、脱氢酶和氧化还原酶等，是普洱茶品质以及保健功能形成的原因。

酵母菌的菌落与细菌菌落相似，其特征都是表面光滑、湿润、黏稠，比细菌的菌落大而厚，颜色较单调，多数呈乳白色，极少数呈红色或者黑色，有酒香味。

不同种类的菌落在形态、质地和边缘特征上均表现不同，有的菌落光滑或者起皱、平整或是突起、边缘完整或有不规则的毛状边缘。菌落特征可作为酵母菌菌种鉴定的依据之一。

酵母菌生长在 pH 值为 3.0—7.5 的范围内，最佳的 pH 值为 4.5—5.0。最适合的生长温度为 25—32℃。在冰点下就不生长了，高于 48℃就失去活性。

酵母菌必须有水才能存活，但酵母需要的水分比细菌少，某些酵母能在水分极少的环境中生长，如蜂蜜和果酱，这说明，酵母对渗透压有相当高的耐受性。

酵母菌是单细胞真核微生物，形态通常有球形、卵圆形、腊肠形、椭圆形、柠檬形或藕节形等。

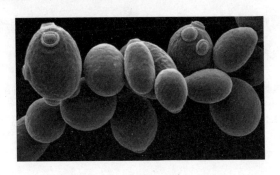

相对比细菌的单细胞个体要大得多，一般为 1—5 微米或 5—20 微米。酵母菌是无鞭毛的，不能游动。

酵母菌具有典型的真核细胞结构，有细胞壁、细胞膜、细胞核、细胞质、液泡、线粒体等，有的还具有微体。

酵母菌是兼性厌氧菌，在有氧的情况下它能把糖分解成二氧化碳和水，在缺氧的情况下，就把糖分解成酒精和二氧化碳。有氧存在的情况下，酵母菌生长比较快。

酵母菌是应用最为广泛的一类微生物，在酿造、食品、医药工业等方面占有极其重要的地位，与人类的关系非常密切，长期用于食物发酵。例如发酵生产酒精和含酒精的饮料，如啤酒、葡萄酒和白酒等。

酵母菌的种类有 500 种以上，参与普洱茶发酵的酵母菌目前能够检测出的有 20 多种，但实际数目远远不止。目前检测出来的参与渥堆发酵过程的有酿酒酵母（也称面包酵母）、不显酵母、路德类酵母、栗酒裂殖酵母、热带假丝酵母、克鲁斯假丝酵母、汉逊德巴利酵母、克勒克酵母、拜耳接合酵母等，这里不一一列举。

　　酵母菌参与普洱茶的发酵不是单兵作战，而是多种酵母和醋酸菌团体合作。酵母菌和醋酸菌在普洱茶发酵中是互惠互利的共生关系。在发酵初期，由于醋酸菌不能直接利用蔗糖，生长速度很慢。酵母菌将蔗糖降解为葡萄糖和果糖并进一步发酵产生乙醇之后，醋酸菌就开始大量生长繁殖，并将葡萄糖和果糖氧化产生葡萄糖酸、乙酸等代谢物，还将酵母产生的乙醇氧化生成乙酸。酵母菌产生的乙醇能刺激醋酸菌的生长，产生更多的纤维素膜和乙酸，而醋酸菌产生的乙酸又会刺激酵母菌，从而产生乙醇。而乙酸、乙醇的存在又可以保护醋酸菌和酵母菌，免受其他微生物的侵染。

　　酵母在有氧的情况下，附着在茶叶表面，在渥堆发酵的初期，堆温达到 20℃便开始生长，堆温升到 30℃时达到繁殖最佳值。但酵母更新换代的时间短，每一个发酵过程（就以翻堆一次为一个发酵过程来看），酵母是最先进场，又是最先退场的。而后，它就下沉到堆子的底部。如果将堆子底部的茶沫和茶叶灰都收集起来检测，酵母含量将是茶叶堆子中酵母含量的十几倍之多。这个时候将其捞起洗净、消毒、干燥，再制造，就有了茶酵母。

茶酵母具有抗氧化的功能，能够降低血液里中性脂肪含量，对降血脂有效；能协助胰岛素加速糖的代谢，也有降糖作用；能够改善由肥胖以及血脂偏高引起的精神萎靡和困倦，提振精神；还能够加速碳水化合物的代谢，快速消耗热量，使人在瘦身的同时保持精力充沛。

微生物在整个发酵过程中，起着不同的作用，黑曲霉在第一阶段组建团队，改变植物纤维的结构，为后期发酵做好前期工作；细菌和真菌在第二阶段通过降解糖，为酵母提供工作基础和能量来源；酵母在第三阶段完成重新组合植物纤维结构的工作，达到养分被人体直接吸收的目的。

# 四 熟茶的发酵工艺流程

熟茶的渥堆发酵流程：选择场地、渥堆、洒水、翻堆、开沟、冷堆、筛分压制。

## 1. 选择和准备发酵场地

选什么样的场地，对发酵来说，非常重要。一般来说，用水泥地面就可以。

但是，新的发酵车间地面不能马上使用，需要养地，主要是为了除去新地面的异味和杂质，从而保证发酵的茶叶品质。

养地的过程具体是这样的：先把熟茶的碎茶或者茶末，铺在地面上，大约1厘米高，然后浇透水。每隔2—3天要洒一次，保持表面湿润，直到水泥地面变黑，茶末没有茶味就可以了。具体还是根据实际情况来定，有时候养地的过程要重复好几次才可以用来渥堆发酵。

养地结束后，需要用水冲洗地面至干净，再通风晾干，等地面干透后，才可以试着发酵。新地面起初的几批茶都很难发酵出较好的效果，所以要用相对便宜的茶来发酵。

所以，渥堆发酵最好选择经常发酵并且使用多年的场地。

目前有离地发酵、小框发酵或者化学发酵等做熟茶的方式。有人说，使用这些方式，可以减少污染，保持茶叶干净。

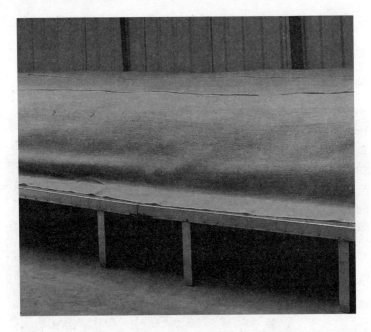

但是上面这几种发酵方式会出现下列几个问题：首先渥堆的温度不好掌握和控制，从而导致菌群和酵母无法生成或者生成不及时，继而导致发酵失败或者发酵不到位。其次，菌群和酵母是存在于地面、水和空气中的，只使用空气中的菌群和酵母，也会

导致发酵的失败或不到位。再次，离地发酵，在翻堆的时候，还是要回到有依托的地方进行，这个地方不是地面就是铺设在地面上的隔挡物，这样就又改变了场地，形成了新场地。

## 2. 渥堆

首先要打堆，高度控制在 50—70 厘米，所用原料是大叶种的晒青毛茶。具体高度要看茶叶的品种和等级，具体要看以下几个因素：茶叶的老嫩度、等级、季节、气温、湿度等。

在旱季（也就是秋冬时节），茶叶粗老或者等级较低的，高度就用 70 厘米；如果茶叶细嫩，打堆高度就控制在 65 厘米。如

果是在雨季开始的时候（4 月和 5 月），原料粗老或者等级较低的，打堆高度就要 65 厘米；茶叶细嫩或者等级较高的，高度要 60 厘米。进入雨季中期（6 月和 7 月），两类的打堆高度分别要在 60 厘米和 50 厘米。

堆子打好后，具体要求：从外形上看，上层表面必须是平坦的，而四周的边缘必须要呈梯形。

堆子一般 3 吨起堆，最大的也有 20 多吨的大堆，小的也有一吨的小堆。

### 3. 选择发酵用水和喷洒

水质的好坏对发酵的熟茶品质影响很大，首先排除自来水。自来水会用一些消毒剂，例如：二氧化氯成品消毒剂、氯气、漂白粉、季铵盐、过氧乙酸、二氯氰尿酸、三氯氰尿酸等。这样的水，在发酵过程中，会抑制菌群和酵母的生长，对发酵极为不利。

渥堆发酵用水一般选择山泉水或者地下水，例如西双版纳勐海县的茶厂都抽取地下水来发酵。

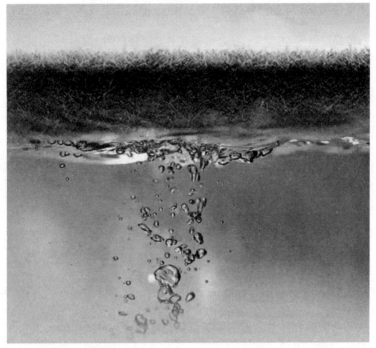

勐海县的生态良好，自然环境具有优越性，这点就构成了勐海发酵熟茶的优势。

从水质口感来说，勐海县的井水清澈甘甜，直接冲泡生茶，口感很好。

勐海县的水质，从检测结果看，基本偏酸性。目前渥堆发酵熟茶，在选择用水的时候，基本都是参考勐海地区水的酸碱度作为发酵用水标准。

水是微生物细胞的重要组成部分，能使原生质保持溶胶状态，保证代谢正常进行。水也是物质代谢的原料，起到物质溶剂和运输介质的作用，能够有效控制细胞内的温度变化。

熟茶渥堆发酵的主要微生物生长所需要的水，对活度要求是不一样的，一般细菌要求水活度在0.9—0.99，而酵母菌要求水活度是0.8—0.9，霉菌要求水活度则是0.6—0.7。

根据各种微生物对水活度的要求，渥堆发酵时要注意茶叶和水的用量配比。水的含量多少对特定微生物的生长是有不同作用的。同时，洒水量也必须根据茶叶老嫩度、气候、季节等实际情况而确定。具体的原则是，等级较高的茶用水要少些，等级较低的茶则用水多些。

二级和二级以上等级较高的原料毛茶，洒水量为26%—31%。三级和三级以下等级较低的原料毛茶，洒水量为36%—42%。具体还要再配合季节、温度、湿度灵活使用。

发酵的堆子起好以后，要在茶的表面盖上湿润的发酵布，一旦发酵布水分干了就揭开，在堆子的面上适当洒水保持湿润，洒水后，重新将发酵布盖好，防止因过于干燥而抑制了微生物的生长。具体操作中，还应注意空气湿度的影响，雨季就要少加些水，旱季用水量就多一些，温度较高就多些，温度较低就少些。

翻堆过程中，如遇干热风或大风天气，风使茶堆表面失水过快的时候，人员在翻堆的同时，可适当洒水补充，具体的用量，根据实际情况来定。

渥堆发酵过程中，茶叶湿度在发酵前期和中期，可以适当高一些，控制在 85% 左右，后期湿度要逐步降至 70% 以下。湿度保持在一定范围，有利于保证发酵茶堆内的水分不至于过多过快丧失，从而影响发酵进程。

喷洒水、安装喷湿器或者开窗透气等，都是控制空间湿度的方法。熟茶发酵的用水技术，用老发酵师的话说，就是一个经验加经验的技术活。

### 4. 翻堆

渥堆发酵的茶叶，打堆完成后，用发酵布盖住整个堆子，让堆子的温度上升，湿度提高。

温度一般控制在 50—65°C 之间，这个温度相对于广东发酵的温度要高一些。云南熟茶发酵过程中，有时候堆子的温度还要高于 65°C。

渥堆到两周的时候，就要第一次翻堆。这次翻堆完成再打堆的时候，高度要降低，从原来的 70 厘米或 60 厘米逐渐往下降到40 厘米。

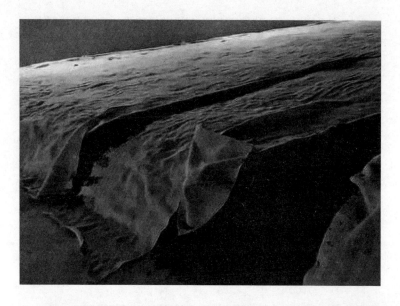

　　我们通过堆子上插的温度计来检测堆温，以控制温度不要超过 65℃。每周要进行一次翻堆，如果温度高的话，翻堆的时间就要提前。每次翻堆的过程中都要平衡发酵堆子的温度和湿度，增加透气性。

如果温度过高，翻堆不及时，就容易烧堆，致使茶堆碳化而报废。

翻堆是一个非常重要的环节，对控制温度、水分、湿度以及微生物类群的生长和茶叶的氧化程度等方面，起到了掌握和控制作用。

翻堆要看茶叶等级，茶叶等级在三级和以上的，次数一般在7—8次，茶叶等级在四级和以下的一般翻4—5次。翻堆过程中解块的茶条，抖散后摆放在堆子表层继续发酵。翻堆过程中，须先将上层以及四周表面层的茶翻开，另外堆放备用。重新打堆的时候，将这些茶叶摆放在新打堆茶叶的中间层，从而使堆子上、中、下层茶叶都有机会得到氧气，使得菌群充分生长，发酵均匀。

发酵过程是一个生长、裂解、转化，再重复的过程，经过翻堆，处于中下层的微生物细胞在相对厌氧环境下裂解，释放相关生物酶，利于发酵，使茶叶在微生物作用下，湿热裂解和氧化转化交替进行。

堆子的温度会影响微生物的生长以及代谢，也影响酶的活性，最终影响细胞物质合成。

不同的微生物适宜生长的温度也是不同的，一般霉菌在28—35°C适合生长，其中，酵母菌适合的是25—35°C，细菌则是35—45°C。

　　渥堆发酵过程中，对于微生物来说，温度起到了很重要的作用，能够让一些喜高温或者耐高温的微生物生长良好，这样也就能影响酶的活性，控制物质变化的速度。生物的发育和繁殖对温度的要求是有规律的，而对熟茶发酵过程中所需要的微生物来说，40—50°C之间，是微生物发育繁殖的最佳区间，茶叶多酚氧化酶的活性也是最强的。温度过高，大量微生物会死亡或者被抑制生长，茶叶多酚氧化酶的活性也会钝化；温度过低，微生物繁殖速度过慢，导致无法起作用，或者有害的微生物生长速度过快，从而导致茶叶多酚氧化酶活性不足，物质转化速度慢，对熟茶品质不利。所以，在温度低于40°C的时候，采用覆盖升温，或者暖气管加温、蒸汽加温等措施。而温度在高于60°C时，就要立即翻堆，开门窗通风来降温。

氧气含量，也影响渥堆发酵。微生物生长，在渥堆的堆表面形成菌膜并结块，而堆子的中部和底部，是处于缺氧状态的，因为厌氧微生物的生长，而进行着厌氧发酵。在发酵过程中，人员可以通过翻堆来增加氧含量，促使茶叶中物质的氧化和微生物的生长。

### 5. 控制发酵时间和开沟

渥堆发酵过程中，关于时间的控制，贯穿整个过程。

熟茶的渥堆发酵时间，主要是靠经验以及判断最终的发酵程度来进行控制。

经过几次翻堆后，堆子的高度继续下降，会降低到 40 厘米。发酵的第 35 天左右，堆子温度降到 35°C 左右了，就要开沟。开沟就是让茶叶冷下来，并且干燥。

开沟的时间是 4 天左右，方式是纵横交叉开沟，循环反复开沟，直到茶叶的含水量低于 14%，才可停止。至于干燥，普洱茶切忌通过烘干、炒干和晒干的方式处理，不然会影响熟茶的品质。

### 6. 冷堆

这个过程的主要任务是停止茶叶的发酵。发酵的熟茶堆子，在摆放静置一周左右后，发酵就暂时停止了。这个过程被称为冷堆或者养堆。

冷堆的具体时间，有几个标准，最重要的标准是，熟茶发酵的程度（也就是发酵度）。

发酵的程度，主要看两个方面的变化，首先是茶叶氧化程度的变化，其次就是微生物作用于茶叶的程度。

氧化程度，主要是看茶多酚通过氧化生成的茶色素，它决定了茶叶的颜色，同时也降低了茶汤的苦涩感，所以，从茶汤色判断发酵程度是重要指标之一。

微生物作用于茶叶的程度，体现在把纤维分解，再生成水溶性多糖，这决定了茶汤醇厚度。也就是说，从茶汤的厚度和醇和度看，也是识别熟茶发酵程度的重要指标。

### 7. 筛分精选

　　熟茶渥堆发酵的整个过程，要经过 45 天左右的时间。渥堆发酵过程结束后，通过筛分、整理熟茶的茶条，按照等级区分，入库留存，作为后期压制成型的熟茶原料。

　　分选：冷堆后的熟茶，有解块现象，通过破筛，将破筛后的茶条进行静电除尘，再用方形筛区分长短，用圆筛区分粗细，将熟茶毛料划分等级。按照宫廷、一、三、五、七、九的等级区分开来。

而通过破筛不能分开的结块，由人工挑出来，这个就是老茶头了。

老茶头就是部分茶条，由于条索紧细，在发酵堆子里又因湿度相对大、温度相对高而容易挤在一起。再就是发酵过程中浸出的果胶，使得茶条紧紧抱团，其间再被菌丝蛋白粘连。菌丝蛋白一旦变性并且固定，就会使茶条紧结成老茶头。

老茶头在早些年，都是切碎后拼入紧压茶里用掉。现在由于老茶头耐泡，口感上比压饼的毛料还要甜醇，逐步受到市场认可和追捧，已经形成熟茶的一个单独品类。

老茶头口感甜厚，是由于紧结而导致发酵度高，生成了更多的水溶性多糖。

紧接着就是灭菌。现在生产的卫生要求比以前要高，在压饼前会对熟茶的毛茶进行灭菌或微生物灭活处理，使熟茶做到洁净卫生，无污染。

　　熟茶渥堆发酵结束后的毛茶，都会有些堆味。解除堆味的方法是将毛茶入库，在仓库里存放一年左右的时间，堆味即可散除。

　　解除堆味的毛茶，出库压制成饼后，出厂开始销售。

## 五　色素和物质成分的转化

### 1. 含水量的变化

熟茶在渥堆发酵前的原料茶（也就是晒青毛茶），洒水增加湿度是非常关键性的技术，晒青毛茶一般含水量在 11% 左右，要通过增加含水量，才能为微生物的滋生和繁殖创造良好的条件。不过随着翻堆次数的增加，茶坯含水量会逐渐减少。

整体上看，从原料到熟茶，含水量开始是 11% 左右，在发酵过程中最高几乎可达 60%，冷堆干燥后到 12% 左右。在此过程中，茶叶内部已经发生了翻天覆地的改变，有益人体的成分，都因发酵而产生了。

### 2. 茶多酚类物质的变化

茶多酚是一类存在于茶树中的多元酚的混合物，以儿茶素为主体，占多酚类物质总量的 75% 左右。

茶多酚是形成普洱茶品质的重要活性物质，在茶汤中呈苦涩味，有较强的刺激性。因此，在加工过程中，多酚类物质的变化及其在成品中的含量对普洱茶的品质有着十分深刻的影响。

实验得知，在发酵过程中，茶多酚和其中的儿茶素均大幅减少，分别由原料时的 24.19% 和 13.29% 减少到第五次翻堆时的 12.47% 和 1.07%，减幅高达 48.45% 和 91.95%。

### 3. 茶色素的变化

普洱茶所含的主要色素物质是茶黄素、茶红素、茶褐素，目前认为这三种色素是茶多酚的主要水溶性氧化产物。茶黄素是茶汤"亮"的主要成分；茶红素是茶汤"红"的主要成分；茶褐素是茶汤"褐"的主要成分。茶色素的变化最终体现在茶叶的色泽和汤色中。

熟茶由于发酵时间长，茶多酚氧化程度深，茶黄素、茶红素的积累比红茶少，这两种色素进一步氧化聚合成茶褐素。渥堆过程中，茶红素随翻堆次数增加而呈减少之势，茶黄素稍有增加，茶褐素则急剧增加。

从发酵堆子的不同层次看，茶黄素、茶红素、茶褐素均是上层变化幅度最大，上层茶坯的茶褐素含量最高，说明上层氧化程度最深最快，这与上层的茶叶接触空气充分、微生物大量繁衍息息相关。

熟茶中的色素主要有叶绿素、类胡萝卜素和茶黄素等物质，它们在熟茶初制中发生了一系列变化，形成了熟茶的品质和色泽基础。

### 4. 糖的变化

茶鲜叶中的糖类物质，包括单糖、双糖、多糖及少量其他糖类。单糖和双糖是构成茶叶可溶性糖的主要成分，主要包括纤维素、半纤维素、淀粉和果胶等。

水溶性糖是茶汤甜味的主要原因，能缓解茶汤中苦涩味物质茶多酚和咖啡碱的刺激性作用。这部分糖含量越高，茶叶滋味就越甘醇。研究表明，在普洱茶渥堆加工过程中，茶坯水溶性糖含量随普洱茶的渥堆发酵进程加深而随之减少。

### 5. 果胶物质的变化

原果胶是构成茶树叶细胞的中胶层，由果胶素与多缩阿拉白醛糖结合而成，在稀酸的作用下分解成水化果胶素，在原果胶素的作用下，形成水溶果胶素。

由于果胶具有粘稠性，因此，溶于水的果胶物质可增加茶汤滋味，是茶汤具有"味厚"感和浓稠度的主要物质。在普洱茶渥堆过程中，原果胶和水溶性果胶呈波动变化，但总体趋势是原果胶减少、水溶性果胶增加之势。

### 6. 水浸出物的变化

水浸出物是指能被水浸泡出的物质，是茶汤的主要呈味物质。水浸出物含量的高低反映了茶叶中可溶性物质的多少，标志着茶汤的厚薄以及滋味的浓强程度，从而在一定程度上反映茶叶品质的优劣。普洱茶在发酵过程中水浸出物含量是呈减少趋势的。

# 六 云南熟茶的勐海味

普洱茶熟茶的发酵在云南地理标志产品里有详细说明。《GB / T 22111 - 2008 地理标志产品 普洱茶》中对普洱茶的发酵作了科学、简洁、明了的定义，就是指云南大叶种晒青散茶或普洱茶（生茶）在特定的环境条件下，经微生物、酶和湿热等综合氧化作用，其内含物质发生一系列转化而形成熟茶独有品质特征的过程。

ICS 67.140.10
X 55

# 中华人民共和国国家标准

GB/T 22111—2008

### 地理标志产品 普洱茶

Product of geographical indication—Puer tea

勐海味的说法最初源于 20 世纪 90 年代末期，是消费者对云南勐海茶厂出品的熟茶所产生的一种特殊味觉的称谓，也是勐海茶厂的熟茶区别其他熟茶的重要标识。

到了 21 世纪初期，勐海味就开始延展，泛指勐海地区诸多茶叶生产企业出品的具有同样味觉的熟茶，不再只是说勐海茶厂的熟茶了。于是，勐海味就脱离了勐海茶厂单独的印记，成为勐海地区高品质熟茶的标识。

在勐海味出现以前，熟茶没有特殊的品鉴用语以及专属地域标识。无论是市场多么流行的号级茶和印级茶，都无法做到这一点。

勐海味是伴随熟茶的地域性出现的。熟茶要通过人工渥堆发酵，就更接近生物学特殊地理的概念，这种特殊地理又与特有微生物菌群有着直接联系，形成特定地理区域的产品特性，这是地理标识的重要依托。

勐海味形成的主要是与发酵过程中的微生物有直接关系的。

勐海地区的微生物菌群具有独特性，在食品发酵中产生特殊风味。

独有的微生物形成需要具备以下两个条件：

首先，山峦与水系加上温度与湿度。这个条件决定了该地区独特的微生态系统，这种独特的地理环境才能培育出独有的微生物。

其次就是发酵场所的微生物。特殊的微生物虽然可以在大自然中生存，但生存状态呈散乱形态，也就是野性状态。在这个特殊的微生态系统中出现一个专业发酵场所，为这种微生物安家，使其快速繁衍，通过"聚量感应"的集体行为而形成优势菌群。其时间愈长，优势菌群"速率"就越高，历史越是愈久，菌群的稳定性就愈强。以白酒为例，凡是知名酒厂，都是有历史的，最重要的历史是未被破坏的发酵池。酵池里的酵泥是酒厂最为珍贵的财产。因为每克酵泥中贮存了上亿的微生物，所以集聚着大量优势菌群。

这还不是勐海味形成的全部原因。

勐海茶厂的老厂房采用是开放式的发酵方法，这让野生酵母菌得以自然繁殖与扩展，日积月累，形成"富积"效果。从具备三年以上熟茶发酵的车间里寻找，无论是墙壁还是屋角的尘土与茶灰里，都能分离出勐海特有的酵母菌。尤其是渥堆的堆子底部，酵母的含量是最高的。勐海的发酵师傅都知道，将老一点的碎茶或茶末拼到茶堆里，发酵出来的熟茶口感更好。很多普洱茶的行家习惯将勐海味的香气称之为发酵香，其实这种香气是以酵母香为主。

因此，只有野生酵母菌还不能形成勐海味，还得有培育繁殖它的特殊场所，也就是固定的发酵场地，再加上好的茶叶和水，以及优秀的发酵师，共同作用，才能塑造出具有勐海味的熟茶。

2000年以来，熟茶的热度大幅提升，很多非勐海地区的茶叶开始进入勐海，在勐海茶厂周边改造小型发酵场所，进行渥堆发酵熟茶生产。主要原因是这里发酵的熟茶比别地的品质要好。同样是临沧的茶叶，在临沧渥堆发酵，味觉偏酸，且杂气较重，汤色还暗红，茶汤的通透性也差，但是将临沧的晒青毛茶运到勐海渥堆发酵，熟茶品质则大幅提高，再存放半年以上，就非常接近勐海味的感觉，口感淳厚，无杂气与异味，而且汤色红艳，质量上乘，与在临沧发酵的熟茶，差距极大。

到了 2006 年，这一趋势开始扩大蔓延，很多地区的熟茶加工都搬到勐海县，勐海县因此也再次成为云南最热闹的熟茶集散地。勐海味也就成为熟茶的质量标杆。

勐海味如果只归功于发酵和拼配技术，是不对的。有些茶商认为勐海茶厂独有的拼配与发酵技术成就了勐海味，于是请勐海茶厂以及勐海地区的发酵师傅来渥堆发酵熟茶，从勐海茶厂的技术员到车间班组长，尤其是发酵的老师傅，在那些年都非常抢手，被尊为座上宾。茶商后来发现，这些发酵师傅离开勐海后，与在勐海时完全不一样，其渥堆发酵的熟茶全部都没有勐海味。

类似的事情也发生在贵州茅台酒厂。在 20 世纪 70 年代，一个新建的酒厂按照茅台酒厂的工艺，使用茅台酒厂相同的原料，甚至连干部、技术人员、生产骨干都是茅台酒厂的员工，最后连酒厂用水都与茅台酒厂使用同一水源，但最终酿造出的白酒就是没有茅台味儿。

# 七　云南熟茶的销法沱茶

计划经济时代，茶叶属于一类商品，国家实行统购统销政策，由国家下达茶叶生产计划，制定茶叶等级和标准，销售渠道也由国家统一管控。

在 1970 年的云南，行使这一职能的是中国土产畜产进出口公司云南茶叶分公司，这是 20 世纪 70 年代的称呼，80 年代后期就更改为不同的名字，本文一律简称为云南省茶叶公司。几十年来，销法沱生产计划以及销售和出口事宜，全部都归云南省茶叶公司的出口部门统一管理。

当时云南省茶叶公司只有一个出口部门，后来因为业务量增加，划分为两个部门，一部负责红茶出口和销售，二部负责普洱茶、沱茶、绿茶、咖啡豆的出口和销售。

法国籍犹太人费瑞德·甘普尔（Fred Kempler），在"二战"时，曾是戴高乐将军麾下的一名军官。1976 年，他到香港天生贸易公司洽谈航油业务，甘普尔先生与罗良先生是多年的贸易伙伴和挚友。业务谈完之后，两位老朋友就去逛街，甘普尔发现一个类似碗形、色泽红褐的沱茶（熟茶），当时沱茶的出口基本只限于香港地区。在甘普尔先生的印象中，茶叶应该是碎的、袋泡的或者是条索形状，出于对这个形状茶叶的好奇，他就买了两个，询问店家，才知道这个茶来自中国云南下关茶厂。

甘普尔先生回到法国后，觉得云南沱茶太有意思了，就想来一趟云南。甘普尔先生多方努力，以商人的身份，获得来中国的资格，由云南省外办指定云南茶叶公司接待。

甘普尔先生在云南茶叶公司相关人员陪同下，前往云南下关茶厂参观，在观看并了解了沱茶的生产制作过程后，就签订了外贸出口合同，订了2吨云南下关沱茶。于是，云南下关沱茶（熟茶），就进入了法国市场。销法沱由此而得名，外面是黄绿色花格印刷的圆盒包装，包装上印有法语的"THÉ"（茶）和花体的"Tuocha"字样，这些都是销法沱的标志性特征。

多年来，这样的视觉识别标志从未改变，下关茶厂至今仍在生产这样包装的云南沱茶，生产工艺和配方从未改变。

云南下关沱茶运到法国后，甘普尔先生买了一辆较大的车，把沱茶装上车，带着自己的几个尚年幼的孩子环法国推销云南下关沱茶。每到一处他都孜孜不倦地向法国人介绍来自中国云南神奇的"鸟窝状"云南沱茶，但由于人们对茶的概念及印象的局限性，这次环法销售没有成功。但是甘普尔先生是位非常精明的犹太人，他明白要取得销售的成功，不能只凭沱茶奇特的外观，而是要充分了解沱茶中有什么奇特的物质以及对人体的好处。因为欧洲人都是实证主义者，需要科学的分析作为依据。1979 年，甘普尔先生委托法国巴黎圣安东尼医学院和里昂大学医学系这两所法国高等医学权威机构对云南沱茶进行临床研究实验。临床教学主任艾米尔·卡罗比（Emil Karobi）医生主导全程，并向中国申请批准，同时在云南昆明医学院第一附属医院（云大医院）同步做临床实验。

实验选择的是 18 岁到 60 岁之间的高血脂人群，做对照实验，一组喝云南沱茶，一组服用降脂特效药安妥明，一个月以后，对两组人群的血脂进行检测，检测结果显示云南沱茶的降脂效果明显好于安妥明，这个结果令法国的很多医学专家和营养学专家非常震惊。

到了 20 世纪 80 年代中后期，法国里昂大学从理论层面对云南沱茶进行全面理化分析，还出了一本专著，详细阐述了云南沱茶的化学成分。书中阐述云南沱茶对人体中的胆固醇、甘油三酯、血尿酸等有不同程度的抑制作用，此项研究被列入法国医学大词典中。

临床对照实验成功后，甘普尔先生在巴黎王子酒店举行有关云南沱茶临床实验结果的新闻发布会，还邀请了法国医学界、营养界的权威以及中国驻法国大使馆官员和法国各主要媒体 60 余名记者参加。当晚，法国电视一台、二台就在黄金时段播出了实验结果的发布会实况，轰动了法国。从此，云南沱茶的销量在法国大增，到 1991 年的时候就已经超过 200 吨了。甘普尔先生也在 1979 年后，成了云南沱茶在欧洲的独家总代理商。

20 世纪 70 年代至 80 年代末期的法国，云南沱茶不是在茶店里卖，而是在药店或保健品专柜卖，高血脂的病人到医院就诊，医生开的处方经常是云南沱茶两粒，让病人去药店购买。

1986 年，在西班牙的巴塞罗那第九届世界食品评奖会上，云南沱茶荣获世界食品金冠奖，次年，又在巴塞罗那世界食品评奖会上卫冕成功。1987 年，获德国杜尔多夫第十届世界食品金奖。1989 年获法国食品金奖。1998 年再获美国食品金奖。

从此，云南沱茶在整个欧洲名声大噪。美国、加拿大等国家的茶商也纷纷来中国订购云南沱茶。那些年，每年都有国际机构的各种奖项授予云南沱茶。

随着云南沱茶在法国的知名度越来越高，很多地方也生产沱茶并出口到法国，比如广东沱茶、重庆沱茶，但是口感却无法和云南沱茶相提并论。

1990 年，经法国市场调研，消费者普遍反映，云南沱茶确实是好，喝了对身体很好，唯一的缺点就是不方便，在药店买了云南沱茶，还得去五金店把茶解开。而且法国人非常注重养生，法国人提出要在茶条里加人参，云南茶叶公司的技术人员和下关茶厂的技术人员经过反复的试验，根据以上两个要求制成样品，送到法国的食品检验机构检验，结果符合法国的饮用标准，于是便生产了第一批人参沱茶的袋泡出口到法国，反响非常好。

法国人民戏称 80 岁的老头喝了人参沱茶能上树。此后的几年，云南茶叶公司又开发增加了水果香型、花香型等口味的沱茶袋泡茶。

云南沱茶不仅出口到法国，后来还出口到了西班牙、意大利、英国、比利时等国，虽然没有法国的量大，但是年年都有出口。因此，云南沱茶袋泡的产品介绍中有法文版、英文版、意大利文版等多个版本。

很多读者不解，既然研究对象是云南（下关）沱茶，作为原产国原产地的相关机构为何没有研究并关注，而是法国人率先开始研究普洱茶熟茶且得出结论的。如前文所说，其实，实验是在昆明医学院第一附属医院（云大医院）同步进行的，云大医院的实验报告早就在国内媒体上刊载过，只是当时在国内并未引起什么反响。沱茶（熟茶）的功能在于解油腻，刮肠通泄，降三高，当时，中国人面临着温饱困境及营养不良，普洱茶显然不适合那个时代的品饮需求。而当时富裕的欧洲人的饮食结构大多是以高热量、高脂肪、高蛋白为主，是"三高"症的多发时期，所以云南沱茶就非常符合当时欧洲人民的需求。

# 八　云南熟茶的冲泡

熟茶可以说是所有茶类中最温和的，因为熟茶是人工渥堆发酵的茶品，是在短时间内完成发酵程度较高的茶品。自然发酵的陈年老茶，因为时间太长，是不能拿来比较的。普洱茶在全发酵茶中比红茶、安化黑茶等发酵程度都高。所以熟茶的冲泡要求相对简单，只要是品质较好的熟茶，怎么泡都好喝。比如现在比较流行的保温杯闷泡法，首选必须是熟茶。当然，将冲泡技巧运用在熟茶上，也是一件很完美的事情，一则可以让熟茶更好喝，二则可以避免熟茶因渥堆发酵而形成的一些不足之处。

熟茶基本冲泡方法，要掌握以下具体事项：

## 1. 醒茶

醒茶是冲泡熟茶之前必做的功课之一，也就是干茶。

无论是年份稍久的熟茶，还是新制成的熟茶，都需要醒茶。饼、砖、沱等紧压熟茶，在准备品饮的前一周时间，就要进行醒茶了。

　　将熟茶饼或砖拆散为一元硬币大小的小块，存放在陶罐或紫砂罐中，便于通气，让茶叶适当接触空气，在调整熟茶内部含水量的同时，也将发酵过程中形成的杂味去除，新条的渥堆味与老茶的后发酵味会适度消散，有益于接下来的冲泡。醒茶罐不要装

太满，大概 2/3，这点是要特别说明的，是让罐子留有一定的空间，使熟茶小块可以充分接触空气。

### 2. 泡茶器具选用

熟茶在冲泡器具上的选择，相对不多，基本以壶为主，紫砂壶、建水紫陶壶、傣族的傣陶都可以。

熟茶的冲泡，原则上推荐使用紫砂壶。紫砂壶特有的保温性、透气性、吸附性，能使茶汤更为顺滑，紫砂壶的双气孔结构可以吸附杂味，可以把熟茶的渥堆味和杂味吸附排除，同时也可以让熟茶的纤维充分打开。

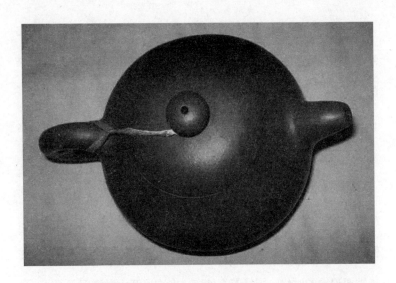

　　当然，盖碗也可以，瓷盖碗的材质密度较高，而且是挂釉的，虽然透气性和保漏性不如紫砂，但能够高度还原茶的本味。在保温性能稍差的背景下，如果能充分掌握好投茶量和出汤时间，也能冲泡出好喝的熟茶茶汤。

还有建水紫陶壶，在泡熟茶上也很有优势。紫陶的密度比紫砂高很多，可以保留茶的香气和味道不被茶具吸收，泡出来的茶汤香气更加充盈，味道更加饱满。而且紫陶导热性能好，在茶需要逼温的时候，壶内温度上升很快，要保持高温，用烫水淋壶即可。

再有就是傣陶壶，傣陶壶的密度比建水紫陶壶相对较低，在冲泡前段，香气外溢，散热比较均匀，茶汤香气持久，因温度均衡而味道相对饱满。傣陶的导热性也很好，散热较快，所以，在茶需要逼温的时候，围绕茶壶外壁，多次用开水淋洒即可。

### 3. 用水

陆羽《茶经》云："山水为上，江水为次，井水其下。"

水最能读懂茶了，所以对于泡茶来说，水的影响力不可小觑。可是对于现代人来说，陆羽要求的三种水，都不能轻易获取，而且现在的自然水也和唐代大不相同了。

日常泡茶选择桶装矿泉水或者纯净水就可以了，经过深层净化的自来水也是相对经济的选择，也可以使用小区大型净水器提供的净化水。经过净化后的水，虽然没有达到陆羽的用水要求，但是可以作为一个选项。不必要太过纠结。

## 4. 烧水器具

烧水的器具，首选铸铁壶，因为铁壶提温和保温性好。对于日常饮茶的冲泡，不锈钢随手泡也可以。只是对器具出水的水流有些要求，为了控制注水的水流，煮水器的壶嘴设计要合理，能把水线修得圆润平稳就比较好，冲泡时能随心所欲控制水线的粗细缓急就可以了。

### 5. 投茶量

投茶量过大，容易出现过于浓厚的酱油汤色；投茶过少的话，就显得滋味寡薄，影响品饮感。

具体的投茶量，要根据人数、泡茶的器具大小以及来客对熟茶的浓淡需求来决定。

原则上说，110 毫升的容器，投茶不要超过 7 克。这个投茶量基本保证了茶水比例的协调，可根据口味浓淡调整具体的投茶量。还要通过每泡的出汤时间加以配合，口感偏淡的，就加快出汤时间，快速出汤，想要茶汤浓醇些的，就延长出汤时间。

### 6. 润茶

熟茶在冲泡开始的时候，要让茶叶先行润水。润茶之前需要温杯，用清洁的沸水温杯，就是直接使用烧水器具中的开水烫盖、杯、碗、壶。

熟茶的散茶或者紧压茶，都会有不同程度的条索紧结或者结块现象，润茶有助于使条索均匀舒展，从而更好地展现茶的本味。再有就是，熟茶会有一些发酵味以及发酵后期的异味，润茶后倒掉，

有助于将茶上的杂质和异味去除。

　　润茶要掌握时间，不能过长。提壶冲入高温水，熟茶散茶润茶时间在 5 秒以内即可，紧压的熟茶润茶时间控制在 15 秒以内。润茶水倒出后，揭盖闻香，如果出现茶香，且无杂味异味，那么第一次润茶成功。茶香未出或者有杂味异味则再继续。润茶次数一般最多三泡，过三泡依然有问题的话，这个熟茶的品质就要思量思量了。

### 7. 控制水温

　　冲泡熟茶，水温的要求就是高温，所以，可直接用沸水冲泡。但是，必须是水沸腾后，停止翻腾了，才可以使用。也就是陆羽在《茶经》里说的，"水沸止，方可用"。

　　也可以具体以熟茶的茶品以及各地水的沸点为基准进行调节。

　　冲泡熟茶时候，茶叶是细嫩的宫廷等级的，水温就可以低一点，95°C 以上就好。储存年份较长的熟茶，则需要高温冲泡，用 100°C 的开水。有些地方海拔较高，水的沸点较低，就以水烧开为标准了。

　　总体来看，水温低，熟茶的浸出物就少，相应的各种气味都会变淡。而提高水温，水溶性浸出物就多，熟茶的本味就会显现和加强。

冲泡熟茶时，连续高温的浸泡是激发老熟茶陈香的绝佳方法之一。对于年份较新的熟茶，可适当降低水温，只是适当而已，不要降低太多，最低都要在95°C以上。

冲泡熟茶，用紫砂壶的时候，由于紫砂壶本身保温性能强，可以盖住壶盖，并用开水不断淋壶以提升浸泡温度。而用盖碗冲泡熟茶，由于盖碗的保温性能较差，并且，盖碗里的叶底在无水浸泡的情况下，降温速度是非常快的，出汤后先给盖碗的碗托注入开水，并将盖碗的盖子盖上，保持茶叶温度。

## 8. 注水

熟茶冲泡时的注水方式，也是要考虑的，首先要注意控制注水水流的稳定性。熟茶冲泡技巧有"香靠冲，汤靠吊"的说法。也就是说，如果希望让茶汤体现高香，我们就快水猛冲，让茶叶在容器中翻腾激荡，让水充分温润茶叶，就可以体现高香。但是，这样一来，也就牺牲汤的口感了，因为短时间内浸出物多，同时又不均衡。

冲泡时，要想体现茶汤口感的绵密柔软，我们就让水流保持在一个点上，并稳定缓慢地注入泡茶器皿中。

熟茶的冲泡是一个平衡之道，要看冲泡的人想表现熟茶的哪个方面，再决定冲泡技巧。实际使用过程中，要根据熟茶等级的不同茶性、不同的冲泡器具而调整。

## 9. 出汤

熟茶冲泡过程的前四到五泡，可以快速出汤，也就是在 10 秒内即可，冲泡中段出汤，也就是五泡到十泡，可以适当延长出汤时间，控制在 20 秒内就好，冲泡的后段，就是十泡以后，可以用闷泡的技巧，最长的闷泡时间，可以在 1 分钟左右。

通过控制出汤时间，可以尽量平衡每一泡的浓度。

冲泡熟茶过程中，每次出汤，必须要沥干水分，出汤要尽，不能留水在茶叶里。

熟茶冲泡过程，中间有间断，那就在再次冲泡时，加快第一泡出汤时间。

# 九 云南熟茶之品鉴

熟茶在品鉴上，主要体现在口感和香气的两个方面。

在口感上，要掌握最具特色的三个字，分别是滑、厚、活。

第一个字滑，在口感上滑是与涩相对的，滑的口感，具体表现在口腔的细腻感、顺滑感，是品鉴常用的词语，但凡用到滑字，必定是褒义的。

口感上要感受滑，简单点看，软水比硬水要滑，并且滑和顺是相连的。

滑的本质原理是什么呢？茶汤中有一部分物质是产生涩感的，像茶多酚，尤其是茶多酚中的儿茶素。熟茶渥堆发酵过程中，茶多酚因为转化，含量持续降低，儿茶素更是几乎全部转化，这样一来，不仅涩的感觉没有了，反而还增加了茶汤的顺滑和甜味。茶叶中原本就有的氨基酸和一些糖类，共同形成了口感上的滑。再看氨基酸方面，虽然原料本身的茶氨酸大幅衰减，但是又产生了不少新的氨基酸。一个增加，一个减少。这就是普洱熟茶滑的来由。

再看厚字，具体到口感上，和薄相对应，品鉴茶汤的时候，会有一种说法：浓非厚，淡非薄。浓跟厚虽然不是一回事，但是有相关性的。淡跟薄也是一样的道理。

茶汤的浓字，体现的是茶汤浸出物太多，就是在一泡时茶汤中内质泡出来太多了；而厚的感觉则不然，是指茶汤中物质的丰富程度，也就是内含物质的种类多。厚和浓完全是不一样的概念，有益的物质多才显得厚。

糖类、多糖类、水溶性蛋白质类等是厚的口感来源。茶汤中，含量高的蛋白质、糖等，是造成厚的主体物质。

熟茶的渥堆发酵工艺，非常有利于糖积累，在长达数十天的剧烈发酵中，不停地产生水溶性多糖。熟茶的多糖含量为所有茶类中最多，所以普洱熟茶也可以说是口感最厚的茶。

　　熟茶的原料晒青毛茶，原本纤维含量就高，熟茶在渥堆发酵中会产生大量的微生物，微生物不断地分解纤维，让本来不溶于水的纤维分解成可溶性的多糖。熟茶的厚度也就有了保证。好的工艺就是要保证有效微生物形成优势。优质的原料有加成作用，能够给微生物提供原料中的糖苷作为养分，促成发酵完成，从而形成茶汤的厚度。

　　最后来看品鉴熟茶用的活字，这对于熟茶品鉴的意义非常大，是熟茶品质中的重点。

　　品鉴熟茶时，短时段内，口腔中延续的回甘生津以及清凉感就是活。普洱茶越陈越香越醇厚也是活字的正解。

　　活字在品鉴中的具体表现是一种茶韵，持续的回甘、甜润、生津、厚实。当茶汤喝下去后，还要通过留存，才能完整地感受到一整段的茶韵。

从微观本质上看，造成活的原因是熟茶里的糖苷，糖苷的结构决定了活的特性。熟茶中的糖苷基本上是一个简单糖和一个有机酸的脂合结构。在冲泡茶叶时，由于高温作用，发生吸热水解反应，还原成单个糖和单个有机酸。而糖苷是葡萄糖和没食子酸缩合而成的，就是糖苷＋水＋热量＝糖＋有机酸，这个过程发生在口腔里，是吸热反应，口腔里就有清凉甜润的感觉了。反应产生有机酸之后又刺激从而有了生津感。这就是糖苷水解的复合联动反应。

当然，糖苷的结构，在聚合反应过程中，还有其他的表现形式，有时回甘强，有时生津感觉强，但清凉感是糖苷水解时一定会有的。

这里说明一点，口感上的甜与回甘是不一样的。入口不甜，在产生糖之后才感到甜，这是回甘，而入口就甜，就不是回甘的口感了。

活也体现在熟茶越陈越香。因为熟茶在仓储中还会有缓慢的发酵。糖苷就持续缓慢地分解出来少量糖，滋养一些简单微生物，微生物分解植物纤维链，产生了水溶性多糖和游离氨基酸，这个过程就是熟茶越陈越香的原因。糖苷类的含量多少，决定了熟茶越陈越香的潜力。

　　熟茶渥堆发酵其实就是一个茶叶加速陈化的过程。掌握比较好的发酵技术，具体表现在两方面：一个是要产生大量的水溶性多糖和游离氢基酸，另外就是糖苷的损耗要少。植物纤维分解时，会产生新的糖苷，这样一来，反应越多，糖苷的利用率就相对较高。在实际发酵过程中，不是所有微生物都这样做，有部分微生物不产生新的糖苷，反而会消耗糖苷，这就造成了糖苷的损耗，所以就要控制糖苷的转化率。控制糖苷转化率，就需要控制菌类，有效菌多，杂菌少，糖苷利用率就高。在发酵过程中，糖苷转化率控制得高，熟茶的活性就能得到最大保留。

从原料上来看，就更直观了。比如晒青毛茶发酵的熟茶就更具活性，因为好的晒青毛茶，糖苷类含量本身就高，发酵结束后，所保留下来的糖苷也就越多。

最后品鉴熟茶的就是香气了。熟茶的香型，是通过发酵的程度来控制的。

香气形成的具体原因有两个，其一是微生物分解和生成挥发性物质，其二是氧化作用消减和纯化了这些物质。

熟茶在渥堆发酵过程中，会产生大量的挥发性物质，在钝化过程中，一些有挥发性的有机酸参与，会形成枣香、梅子香、果香等。

发酵初期，挥发性物质的种类非常多。随着发酵的深入，初期的挥发性物质会逐渐散逸，逐渐被氧化或者转化消解掉。

整个发酵过程，结束得越早，干燥得越快，保留的挥发性物质就越多，它的香气也就会越复杂并且越馥郁。

所以发酵轻的茶，往往具备花果香，重一点的就有糯香、甜香，再重一点就是陈香了。

## 十 熟茶的干仓和湿仓以及轻发酵

熟茶的干仓，是指在干燥、通风、湿度小的仓库环境里存放的熟茶。一般干仓储存属于自然陈化的一个过程，这样的存放，保存了普洱茶的原本品质。

对于干仓存储的茶叶的甄别有下列一些方法：

1）从外观上辨别，干仓茶叶的条索比较结实，颜色鲜活润泽，茶叶平面具有光泽，能够感觉到茶叶的活力感。

2）从气味上辨别，干仓茶叶有一股茶叶的木质陈香味。

3）从汤色上辨别，干仓茶叶的汤色是栗色到深栗色，品饮茶汤，依然有些有苦涩味，但是汤色透亮。

4）从叶底上辨别，干仓茶叶的叶底是栗黄色至深果色，质地活性柔软，茶叶有弹性。

5）从茶叶饼的整体上辨别，干仓茶叶的饼，边缘因湿气接触相对饼中间位置较多而显得较松散，但也因为湿气与压力，饼的中间位置比较硬。

湿仓存放的熟茶，指放置于空气湿度较大、高温潮湿（如沿海湿热地区）或阴凉潮湿（如地下室、地窖、防空洞等）的仓库里完成陈化或者再发酵的熟茶。

湿仓是潮湿、湿润的意思，不是熟茶的发酵工艺，而是后期仓储保管的环境。虽然存储也能形成茶叶的后发酵，可以促进熟茶的快速陈化，但是这对于熟茶就没有必要了。

湿仓熟茶的条索松脱，颜色暗淡，粗糙黑绿且茶叶表面有时候会因为湿仓过度在夹层里留有绿霉或灰霉。

湿仓普洱茶的叶底，会显暗红色或是偏黑色。湿仓的熟茶叶底，质地明显比较干硬。

熟茶在湿仓下的后陈化，其实是霉变陈化熟茶。市场上也有湿仓的熟茶，但是，都是发酵度比较轻的熟茶，而后再加以湿仓来陈化，品饮时茶汤的口感比较发酵度适中的熟茶，更有一番自己的特色。

同款熟茶，长时间储放在湿热环境，茶品的转化速度以及转化方向，形成了独特的品质特点，与干仓环境储放形成鲜明的对比，品质口感完全不同。

湿仓存储的熟茶，颜色上也是呈暗褐色或黑色，但是未经过烘焙的湿仓，茶汤色浑浊，有点像泥浆水，但也会成红浓。湿仓存放的熟茶，在挂杯香、汤香上表现较为低沉，且在香型上，相对于干仓普洱茶较为单一，部分湿仓茶由于退仓时间不够，会产生较闷的仓味。湿仓存放的熟茶，在香气上体验很弱，有时候会没有香气，虽然汤质还可以，但都有一股仓霉味。

这里说一些关于普洱熟茶的存放建议。

### 1. 避免污染

存放熟茶的环境一定不能有污染。污染，是储藏任何茶叶都非常忌讳的。由于熟茶含有萜烯类化合物和高分子棕榈酸，能够很快吸收其他物质的气味，从而掩盖或者改变茶叶本身的气味。所以，家庭储藏普洱茶，应该严格防止油烟、化妆品、药物等常见气味的污染。

### 2. 存放要避免高温

熟茶的存放温度不宜过高，温度过高会使熟茶水分流失过度而导致口感上失去润滑。熟茶的木质会碳化得比较快，从而导致有益成分过早流失。

### 3. 存放要避免湿气

熟茶是一个多孔的疏松体，很多物质是亲水化合物，存放环境的湿度过大，茶叶容易吸收湿气还潮。潮湿就会加快变质，滋生微生物后还会霉变。

### 4. 避光线

熟茶中的植物色素和脂类物质容易发生光化学反应，产生日晒味、陈味，熟茶对光比较敏感，阳光直接照射就会变色，所以需要避光贮藏。

最后说说熟茶的轻发酵。轻发酵源于港粤地区的发水发酵，发水发酵追根溯源则是红汤普洱。传统的普洱茶发酵方式不是渥堆发酵，主要由两种工艺组成：湿水发茶和紧压茶饼发汗。

　　轻度发酵在近年有些流行。它不像传统渥堆发酵那样，需要大量的晒青毛茶原料才能进行发酵，只需要小堆发酵就可实现。

　　轻发酵可以加速茶叶中物质能量的释放，产生一定程度的外分解活动，因而加速茶叶的变化，就像红化现象。

　　轻发酵的茶，叶底会有软烂叶或黑硬叶。有茶商鼓吹熟茶因为经过完整的渥堆发酵，因此不具备后发酵陈化的条件，而轻发酵却可以越陈越香。其实不然，经常喝茶的人都知道经过陈化的熟茶，比新茶更有品饮价值。发酵的初衷，是为了让普洱茶生茶加速转化以及加快后发酵的进程，能够尽快体验到普洱茶老茶的厚、滑、甜、香以及韵味。所以市场上很多轻度发酵的熟茶，大多是出于这个目的，既想体会熟普的顺滑和醇厚，又想兼具生茶的层次感和刺激性。

　　轻发酵的优点是提升了叶底的活性度，回甘有增加，同时在某种意义上说，延长了熟茶的生命周期，能迅速提高回甘生津的强度，后期转化会保留一些更具个性化的滋味和香气。但这是个

技术活，掌握不好，缺点也是致命的，苦涩味明显，略带杂味，陈香不够纯正。

## 十一　熟茶是健康茶不是低端茶

熟茶是从茶树的枝丫走下来的，也曾经是鲜嫩的一芽两叶。它要经过火的洗礼以及渥堆发酵，才能来到人们面前。

从失水到吸水，再干燥，又吸水，熟茶经历过三度淬炼，才能绽放温和、醇厚、甘甜的特性，给人们带来温暖与健康。熟茶展现给茶客的是最精彩的品质。

在调整人体代谢的过程中，熟茶降血脂、降胆固醇、降血糖

的效果是公认的，国内外的很多期刊刊登了相关论文。

普洱茶调节人体机能主要有以下几方面：

一是茶褐素等具有表面活性剂的成分，与脂肪（饱和脂肪酸）、胆固醇结合能力强，抑制其吸收，增加排泄，从而防止人体吸收能量高的食物。

吉林大学的金英花、云南农业大学普洱茶研究院的盛军等专家的研究结果表明，熟茶的水溶提取物能够强力结合胆固醇，增加胆固醇在水中的溶解度近 4 万倍。也就是说，喝普洱茶能够大大减少人体吸收食物中游离胆固醇的含量。普洱茶通过抑制胆固醇在肠内的吸收，促使其排出体外，从而达到了降低血清胆固醇含量的效果。

二是熟茶的水溶物能够抑制脂肪代谢过程中的关键酶，从而降低肝脏、肌肉以及游离的脂肪组织。如熟茶能够显著降低乙酰辅酶 A 羧化酶（ACC）和脂肪酸合成酶（FAS）在 RNA 水平的表达。这两种酶是脂肪代谢中最关键的限速酶，对脂肪的合成至关重要。同时，熟茶还能增强激素敏感性脂肪酶活性。

甘油三酯的脂肪酶是动物脂肪分解代谢的限速酶，在脂质代谢的多个环节发挥作用，最主要的是通过催化水解储存在脂肪组织中的甘油三酯，从而释放出游离的脂肪酸，以满足机体的能量需要。熟茶可以加速甘油三酯的分解，来调节机体的脂肪代谢。

三是通过调节脂代谢来调节血液中的糖代谢。2009—2010 年，上海市第一医院和上海市中医院进行了 1000 多名糖尿病患者的即溶熟茶健康体验。

体验结果表明，即溶熟茶对血脂、胆固醇异常引起的 II 型糖尿病患者有效率较高，能达到 75% 以上。对由糖尿病引起的肾病也有一定的作用，可使 35% 的尿蛋白阳性患者转阴。

这表明，熟茶通过调节血脂、胆固醇代谢，从而调节机体的血糖异常代谢。

从传统的经验来说，人们不建议边吃饭边喝茶，但这只适用于绿茶以及其他不完全发酵的茶。从减肥以及抑制多余的脂肪、胆固醇等高能量食物来说，是可以边吃饭边喝熟茶的，或在饭后的一定时间内喝，这样更有利于抑制脂肪和胆固醇吸收。

熟茶和所有的发酵食品一样，是靠菌种的抑制来实现的。当发酵正常进行时，有益菌群会在酶的催化下，以比其他菌种超千百倍的速度繁衍，只要保证了酶的活性，有益菌群会快速控制茶堆中的所有资源，其他菌种将无法存活。

要是发酵不能正常进行，茶叶产生的杂味、怪味很容易通过感官审评被发现，如同腐烂了的树叶，不用什么专业知识就能察觉出来。所以只要是香气醇正的熟茶，尽可放心品饮，就和食用其他发酵食品一样。

至于熟茶在渥堆发酵过程中要加东西的说法是错误的。

渥堆发酵只要加适量的水就可以，熟茶的发酵是自身带有的酶，在人为制造的条件下，催化有益菌种快速繁衍而产生的一种极复杂的生物化学反应。

人类只是创造发酵环境，这个反应所需要的酶和菌种以及物质基础，全部都是晒青毛茶本身就具备的。

后
记

普洱茶的熟茶，其实就是一个发酵后的茶叶品种，和其他的发酵食品没有太大的区别，和馒头、醋、面包一样，都是为人体服务的食物而已。

针对熟茶，也有很多不同的声音，这也可以理解，因为从不同的角度看事物，再加上一些个人的原因，所得出的结论也就不同了。

本书是在查阅了大量资料的前提下，对熟茶的一些非学术性的知识点进行了介绍和解说。目的是让更多的茶人，正面看待熟茶，对熟茶有客观的认知。

至于熟茶或者普洱茶有多少年的历史，大家有不同的观点，有些人甚至认为普洱茶就只有几十年的历史而已。如果从普洱茶这三个字作为云南茶叶的名字来看，已经有将近 700 年的历史了。

普洱茶的人为"炒作"，是从台湾开始的，确实只有几十年而已，单看熟茶的加工生产，从 1973 年起算，好像确实只有几十年。但是，事物的发展不是也不可能在一天或几天就完成的，应该是一个变化、适应、发展、再变革、再适应、再发展的过程，最终才成型。熟茶现在还在变化和发展着。

就如同唐代的团茶，茶叶使用是煮茶饮用法，到宋代就发生变化了，变成了以品鉴方式开展品饮的点茶。再到明代，朱元璋废团茶而改用散茶泡饮的方式，进而产生了茶叶杀青方法的改变，从而出现了红茶、黄茶、黑茶、绿茶、青茶、白茶这六大茶类。而朱元璋也不是脑子一热就废团改散的，也是受到元代百姓多用散茶的影响，在这个基础上为适应民生而做的改变。

熟茶具体有多少年的历史，最起码要从红汤茶开始计算时间，就有百年历史了，如果从饼茶发水而调整口感来计算，时间就更长，更不用说自然发酵了。

希望《百年熟茶》这本书，能够引起茶人的共鸣。同时让大家尊重茶文化，学习茶文化，将中华民族的茶文化传承下去。